Celina del Am

Sachkundenachweis
für Hundehalter in der Schweiz

Theoretische Grundlagen und praktische Übungen

50 Farbfotos
4 Zeichnungen

Ulmer

Inhalt

Einleitung

Seit dem 1. 9. 2010 gilt in der Schweiz die Regelung, dass jeder Hundehalter eine obligatorische Hundeausbildung (Sachkundenachweis, SKN) absolvieren muss.

Die Rechtsgrundlage für den obligatorischen Sachkundenachweis für Hundehalter:

- Theorie nach Art. 68 Abs. 1 TschV (vor der Anschaffung eines Hundes) – 4 Stunden
- Praxis nach Art. 68 Abs. 2 TschV (mit jedem neuen Hund) – 4 Stunden

Das Lernziel des Sachkundenachweises: das problemfreie Zusammenleben von Mensch und Hund. Der obligatorische Sachkundenachweis gilt für alle Rassetypen und Hundegrößen. Er gliedert sich in einen Theorie- und einen Praxiskurs.

Theoriekurs des SKN

Der Theoriekurs des SKN richtet sich an Ersthundehalter. In diesem mindestens vierstündigen Kurs werden die essentiellen Grundlagen der Hundehaltung vermittelt.

Wer einen Hund übernehmen möchte, muss bereits vor dem Kauf des Hundes den Theoriekurs des Sachkundenachweises besuchen, und dann binnen eines Jahres nach dem Kauf des Tieres den praktischen Teil des Sachkundenachweises durchlaufen. Eine Ausnahme bilden hierbei Tierhalter, die bereits vor dem 1. 9. 2008 einen Hund gehalten bzw. in der ANIS Datenbank auf den eigenen Namen registriert haben. Für diese Tierhalter gelten nur die Regelungen des praktischen Teils.

Praxiskurs des SKN

Der praktische Teil des SKN besteht aus Gruppentrainingsstunden. Der Schwerpunkt liegt auf alltagstauglichem Grundgehorsam zur Gefahrenprophylaxe. Der Kurs umfasst vier obligatorische Stunden. Bei manchen Organisationen wird diese Regelung so umgesetzt, dass der praktische Kurs fünf Stunden umfasst. Der Sachkundenachweis kann nur ausgestellt werden, wenn der Teilnehmer an mindestens vier Stunden teilgenommen hat. Der praktische Kurs muss mit jedem neuerworbenen Hund bzw. mit jedem von dem Tierhalter gehaltenen Hund absolviert werden. Hier gibt es nur eine Ausnahmeregelung für SKN-Hundeausbilder.

Die Kurse zur Erlangung des Sachkundenachweises dürfen nur von hierfür speziell lizenzierten Hundetrainern angeboten werden. Das Schweizer Bundesamt für Veterinärwesen (BVET) regelt hierbei die Details, welche Ausbildungsorganisationen die Bewilligung haben,

SKN-Trainer auszubilden. Die von den jeweiligen Organisationen dann für die SKN-Kurse zugelassenen Trainer haben hierzu eine Ausbildung absolviert und mit einer Prüfung abgeschlossen. Eine aktuelle Liste der zur Leitung eines SKN-Kurses zugelassenen Trainer finden Sie unter folgendem Link:
http://bvet.bytix.com/plus/trainer/

Die Rechtsgebung der Schweiz gibt an, dass Tiere vollumfänglich nur von Haltern versorgt werden können, die mindestens 16 Jahre alt sind, sodass dies indirekt auch für den Erhalt des Sachkundenachweises gilt. Für die Teilnahme an einem SKN-Kurs obliegt es aber den jeweiligen Organisationen, gegebenenfalls auch jüngere Teilnehmer zuzulassen. Die Empfehlung des BVET lautet, Kinder ab 12 Jahren zuzulassen, wobei die schriftliche Einwilligung der Eltern für die Kursteilnahme erforderlich sein sollte. Ein Beispiel der Organisation Certodog: eine eigenverantwortliche Teilnahme am Kurs ist nur Teilnehmern ab einem Alter von mindestens 16 Jahren möglich. Kinder in Begleitung der Eltern dürfen bei Certodog aber jederzeit ebenfalls teilnehmen, ohne dass ihnen nach dem Kurs eine rechtsgültige SKN-Bescheinigung ausgestellt wird.

Für jeden Hund muss der Tierhalter eine gültige Haftpflichtversicherung nachweisen können.

Entwicklungsgeschichte des Hundes

Es gibt heute auf der Welt über 400 verschiedene Hunderassen. Alle haben einen gemeinsamen Stammvater: den Wolf. Man weiß durch Knochenfunde, dass Hunde schon seit etwa 12000 Jahren mit Menschen zusammenleben.

Der Hund stammt vom Wolf ab.

Wie genau aus dem Wolf ein Hund wurde, ist nicht im Detail bekannt. Vermutlich suchten Wölfe die Nähe des Menschen. Reste von Jagdbeute könnten ein Grund gewesen sein. Vielleicht wurden hin und wieder auch Wolfswelpen von Menschen aufgezogen, die in enger Nähe der Menschen blieben. Weniger wilde oder gar zahme Tiere wurden geduldet und konnten so in der Nähe der Menschen selbst Nachkommen haben. Die anderen wurden verjagt oder getötet. Es begann eine erste Selektion, die später auch auf andere charakterliche und körperbauliche Merkmale ausgedehnt wurde.

Aus dem Wildtier Wolf wurde im Laufe der Zeit das Haustier Hund. Diesen Prozess nennt man Domestikation.

Noch heute haben Hunde das Potenzial zum Raubtier. Wenn sie jedoch, wie in den meisten Fällen, in menschlicher Obhut aufwachsen und mit Menschen schon als kleine Welpen positive Erfahrungen machen, sind sie an den Menschen sozialisiert. Menschen gehören dann in den Augen des Hundes sozusagen zu einer befreundeten Art.

Der Hund ist also ein domestiziertes Raubtier. Er ist und bleibt ein Jäger und in jedem Fall ein soziales Rudeltier, das auf enge Kontakte mit Sozialpartnern wie Artgenossen und Menschen angewiesen ist.

Die Auswahl von Zuchttieren ging im Laufe der Zeit immer weiter: Für verschiedene Aufgabenfelder wurden Spezialisten gezüchtet, etwa Hunde für verschiedene Jagdaufgaben, Hütehunde, Schlittenhunde, Wachhunde und andere.

Die Zuchtmerkmale schlagen sich nicht nur im Aussehen – also dem Körperbau und der Fellbeschaffenheit – nieder, sondern vor allem in der charakterlichen Veranlagung der Tiere. Auch die unterschiedliche gesellschaftliche Stellung, die Hunde in den verschiedenen Kulturen der Erde haben, spiegelt sich in bestimmten Rassen wider.

> Die einzelnen Hunderassen unterscheiden sich stark. Dies gilt sowohl für die Veranlagung als auch für das Aussehen. Manche Hunderassen sind auf bestimmte Tätigkeitsfelder spezialisiert.

Trotz der großen Vielfalt kann man Rassegruppen benennen, in denen Hunde mit einer ähnlichen Veranlagung (oft auch mit einer ähnlichen Zuchtgeschichte oder dem gleichen Zuchtziel) zusammengefasst werden.

In vielen Hunden schlägt immer noch das Herz eines Jägers.

Bei der Auswahl eines Hundes sollte auf die jeweilige Veranlagung der einzelnen Rassen besonders geachtet werden, denn diese spielt auch im Bereich der Erziehung und im Zusammenleben eine wichtige Rolle.

Die Natur hat es so eingerichtet, dass sich hauptsächlich diejenigen Tiere fortpflanzen, die sich besonders gut an die sich ständig verändernde Umwelt anpassen können. Hierbei spielen die körperliche Verfassung (beispielsweise Gesundheit, Kraft, Ausdauer) und besondere Fähigkeiten der Tiere (etwa Führungsqualitäten, Jagdtalent, Stressresistenz, Souveränität) die Hauptrolle. Bei der Hundezucht durch den Menschen findet heute keine natürliche Selektion mehr statt und nicht alle Zuchtrichtungen erfüllen das Ziel, gesunde, spezialisierte Hunde hervorzubringen. In einigen Rassen treten bestimmte Missbildungen und auch genetisch fixierte Krankheiten und Organschäden auf.

Das Verhalten des Tieres ist letztendlich immer sowohl von seinen genetischen Anlagen als auch (und das zu einem Großteil) von seiner Sozialisation, Habituation und seinen Lernerfahrungen abhängig.

Es ist unmöglich, innerhalb weniger Generationen eine charakterliche Veranlagung und eine bestimmte Spezialisierung zu ändern, für die diese Hunderasse seit vielen hundert Jahren gezüchtet wurde. Bei der Auswahl eines Welpen sollte vor allem auf diese Dinge und weniger auf das Aussehen Wert gelegt werden, damit der Hund auch in optimaler Weise in sein späteres Umfeld passt und keine „vorprogrammierten" Probleme auftreten.

Bei der Auswahl der Rasse sollte man vor allem auf die jeweiligen Unterschiede in der Veranlagung achten.

	Bauernhunde	**Treibhunde**	**Herdenschutzhunde**	**Hütehunde**	**Diensthunde**
Aufgaben	► Wächter von Haus und Hof ► wurden auch als Treib- und Zughunde eingesetzt	► Treiben der Rinderherden ► Wächter der Rinderherden	► Bewachen der Vieh- und Schafherden sowie des Besitzers (gegen Bären, Wölfe und Diebe) ► verbleiben häufig mehrere Tage alleine mit der Herde	► Zusammentreiben und Zusammenhalten der Schafe unter dem Kommando des Hirten ► sollen ein wehriges Schaf auch packen, es aber dabei nicht verletzen	► spezielle Selektion für den Schutzdienst
Rassebeispiele	Großer Schweizer Sennenhund, Bernhardiner	Appenzeller- und Entlebucher Sennenhunde, Rottweiler	Owczarek Podhalanski, Kuvasz, Kangal, Pyrenäenberghund	Border Collie, Australian Shepherd, Harzer Fuchs	Hovawart, Dtsch. Schäferhund, Dobermann, Schwarzer Russischer Terrier
Talente	► kräftige Tiere, die auch heute noch Zuglasten ziehen können ► neigen wenig zum Streunen, bleiben meist bereitwillig beim Anwesen ► eher ruhiges Temperament	► Hunde, die von sich aus sehr wachsam sind ► temperamentvoll	► sehr selbstständig ► hohe Verteidigungsbereitschaft	► wendige, sehr lauffreudige und schnelle Hunde ► hohe Arbeitsbegeisterung	► schnelle und lauffreudige Hunde ► lassen sich gerne anleiten und arbeiten mit Begeisterung mit ► vielseitig, z. B. Fährte, Schutzdienst, Laufsportarten
Mögliche Probleme	► große, kräftige Tiere ► territoriale Veranlagung	► kräftige Tiere ► territoriale Veranlagung ► besonders in Arbeitslinien ist die Tendenz nach den Fesselgelenken (Füßen, Knöchel) zu schnappen sehr verbreitet	► sehr starke territoriale Veranlagung ► starkes Rangstreben ► Probleme bei der Einflussnahme durch den Besitzer ► sehr selbstständige, große, kräftige Tiere ► besonders in Dämmerung sehr misstrauisch ► extrem anfällig für Sozialisationsmängel	► Hüteverhalten kann bei Unterbeschäftigung als lästiger „Spleen" auftreten ► großes Lauf- und Arbeitsbedürfnis ist nicht leicht zu stillen ► sehr anfällig für Verhaltensprobleme durch mangelnde geistige Beschäftigung	► Lauf- und Arbeitsbedürfnis muss unbedingt gestillt werden ► Rangstreben ► starke territoriale Veranlagung

Doggenartige (Molosser)	Pinscher und Schnauzer	Spitze und Hunde vom Urtyp		
		Nordische Hunde		
		Schlittenhunde	Jagdhunde	Hütehunde
► Wachhunde ► Jagdhunde ► Kampfhunde gegen Bären und Bullen ► Kriegshunde ► Begleithunde des Adels	► Bewachen der Stallungen und Rattenvertilger ► Begleiter und Verteidiger der Kutschen	► Schlitten ziehen ► Jagd	► stumme Jagd ► verbellen Wild erst, wenn sie es gestellt haben	► Hütearbeit ► Bewachen der Wohnstätte
Deutsche Dogge, Bordeauxdogge, Mastiff, Mastino Napoletano	Deutscher Pinscher, Mittelschnauzer	Husky, Alaskan Malamute, Samojede, Grönlandhund	Laiki, Jämthund, Elchhund	Lappenspitz, Buhund
► große, kräftige, recht ruhige Hunde ► je nach ursprünglicher Verwendung (Jagen, Wachen, Verteidigen) ► imposanter Begleithund	► sehr wendige und schnelle Hunde ► ausgeprägte Jagdpassion ► „Draufgänger“	► kräftige Hunde ► Schlitten ziehen und andere Laufsportarten ► Jagdpassion	► Laufsportarten ► Jagd	► kräftig und lauffreudig
► große, kräftige Hunde ► viele Rassen sind von gravierenden Skelettproblemen betroffen ► je nach ursprünglicher Verwendung territoriale Veranlagung	► Jagdveranlagung ► territoriale Veranlagung	► starke Jagdveranlagung ► starkes Rangstreben ► großes Bewegungsbedürfnis ► selbstständiger Charakter	► starke Jagdveranlagung ► großes Bewegungsbedürfnis ► selbstständiger Charakter ► z. T. bellfreudig	► großes Bewegungsbedürfnis ► territoriale Veranlagung ► bellfreudig

Bei der Auswahl der Rasse sollte man vor allem auf die jeweiligen Unterschiede in der Veranlagung achten.

	Spitze und Hunde vom Urtyp		**Zwerghunde**	**Terrier**	
	mitteleuropäische und asiatische Spitze	**Hunde vom Urtyp**			**Schweißhunde**
Aufgaben	► Wachhunde (sog. Mistbeller) ► Fleischproduktion	► Jagdhunde ► Wachhunde ► verwilderte Haushunde	► keine spezielle Aufgabe ► wurden gezüchtet, um als Schoßhunde bei Hof gehalten zu werden	► Jagd auf Fuchs, Dachs, Kaninchen, Ratten und Mäuse	► Schweißarbeit (Fährte eines verwundeten Tieres aufspüren)
Rassebeispiele	Wolfsspitz, Mittelspitz, Kleinspitz, Eurasier, Chow-Chow, Japanspitz	Dingos, Kanaan Hund, Podencos, Basenjis	Malteser, Havaneser, Pekinese, Zwergspaniel	Jack Russel-, Welsh-, Border-, Yorkshire-, Cairn Terrier	► Hannoverscher Schweißhund, Bayrischer Gebirgsschweißhund
Talente	► gute Wächter ► kaum Tendenz zu Streunen	► je nach ursprünglicher Verwendung ► meist Jagdaufgaben, teilweise gute Wächter	► agile Kleinhunde ► arbeiten freudig mit, wenn sie entsprechend angeleitet werden ► spielfreudig	► lauffreudig ► agile Hunde ► Jagdpassion	► vielseitig, lauffreudig
Mögliche Probleme	► bellfreudig ► selbstständiger Charakter ► territoriale Veranlagung	► je nach ursprünglicher Verwendung ► oft starke Jagdpassion ► sehr selbstständig und ungebunden ► Dingos sind Wildtiere; keine Haltung als Haus- und Familienhund möglich	► benötigen von Anfang an ausreichend Sozialkontakte ► werden häufig unterfordert ► bellfreudig	► Jagdeifer ► selbständig ► territoriale Veranlagung ► leicht erregbar	► starke Jagdpassion mit Neigung zum Wildern und Streunen, wenn sie nicht beschäftigt werden

Jagdhunde					
Niederläufige Bracken	**Laufhunde/ Bracken**	**Vorstehhunde**	**Stöberhunde**	**Apportierer**	**Windhunde**
► Hasen-, Fuchs-, Dachsjagd ► Nachsuchen ► Stöbern ► Baujagd	► Jagen in Meute oder paarweise bei Hetzjagden ► Hasen-, Fuchs-, Dachsjagd ► Schweißarbeit ► jagen spurlaut	► Vorstehen ► Apportieren	► Stöbern (Aufscheuchen von Wild) ► Apportieren	► Apportieren auch aus dem Wasser	► Jagen auf Sicht, unabhängig vom Besitzer
Dackel, Westfälische Dachsbracke, Petit Basset Griffon Vendéen	Foxhound, Beagle, Brandlbracke	Pointer, Deutsche Vorstehunde, Setter	Spaniel, Deutscher Wachtelhund	Labrador, Golden Retriever, Spanischer Wasserhund, Wasserspaniel	Afghane, Barsoi, Whippet
gute Nase, je nach ursprünglichem Zuchtziel und ursprünglicher Verwendung Spezialtalente, ausgeprägte Jagdpassion					
► starke Jagdpassion ► selbstständig	► starke Jagdpassion mit Neigung zum Wildern und Streunen, wenn sie nicht beschäftigt werden ► selbstständig	► starke Jagdpassion mit Neigung zum Wildern und Streunen, wenn sie nicht beschäftigt werden	► starke Jagdpassion mit Neigung zum Wildern und Streunen, wenn sie nicht beschäftigt werden	► Neigen zum Verteidigen von Gegenständen, große Wasserbegeisterung	► starke Jagdpassion ► sehr selbstständig

Auswahl des Hundes

Die Rassevielfalt bei Hunden ist enorm. Mittlerweile gibt es über 400 durch die FCI (Fédéracion cynologique internationale) international anerkannte Rassen. Nicht zu vergessen außerdem die unüberschaubare Anzahl möglicher Mischungen. Aus diesem Pool gilt es, einen Hund zu wählen. Mit ein wenig Planung kann bei dieser großen Auswahl tatsächlich in aller Regel leicht ein Hund ausgewählt werden, der von der Veranlagung her ideal in das zukünftige Lebensumfeld passt und gleichzeitig auch in puncto Fell, Größe und Körperbau den eigenen Vorlieben entspricht oder diesen zumindest sehr nahe kommt. Da die Wahl eines Hundes eine Entscheidung ist, die darauf ausgerichtet ist, mit einem sozialen Lebewesen in engem Verband für eine lange Zeit (nicht selten 10 bis 15 Jahre und gelegentlich auch länger) zusammenzuleben, sollte diese nicht leichtfertig getroffen werden, sondern wohlüberlegt sein. Widerstehen Sie dem spontanen Ent-

Hunde nehmen ihre Umwelt hauptsächlich über den Geruchssinn wahr.

schluss, irgendwo einen Hund mitzunehmen, der Ihnen angeboten wird! Informieren Sie sich zunächst, ob dieses Tier auch längerfristig zu Ihnen passt.

Welpe oder erwachsener Hund?

Bei einem Welpen können Sie die Eigenschaften, die er in Zukunft wahrscheinlich entwickeln wird, in erster Linie anhand der (Rasse-)Veranlagung abschätzen. Charakterlich ist dieses Tier noch weitgehend formbar, denn bei der Ausbildung des Charakters spielen auch die Umwelteinflüsse eine große Rolle und diese können Sie in weitem Maße steuern (siehe S. 18). Bei einem erwachsenen Hund ist auf Anhieb mehr zu erkennen, denn er zeigt sich schon so, wie er aufgrund seiner Veranlagung und den Erfahrungen der vergangenen Monate oder Jahre geworden ist. Aber Obacht: Bei einer einmaligen Begutachtung kann auch bei einem erwachsenen Hund nicht jede charakterliche Feinheit erkannt werden!

Im Durchschnitt werden heute mehr „Familien-" als „Arbeitshunde" gehalten. Allein aufgrund dieser Bezeichnung erscheint das Leben als Familienhund zunächst vielleicht nicht so anspruchvoll – jedoch ist dies ein Trugschluss. Die Anforderungen, denen ein Familienhund standhalten muss, sind nicht zu unterschätzen! Es ergeben sich im Alltag etliche Stresssituationen, die problematisch werden können, wenn der Hund darauf nicht vorbereitet wurde. Hier kommen vor allem die frühen Lebenserfahrungen zum Tragen: Defizite in der Geborgenheitsgarnitur bei einem Welpen, mangelnde Sozialisationserfahrungen und/oder zusätzliche negative Lernerfahrungen können das entspannte Miteinander nachhaltig trüben.

Kind und Hund können ein tolles Team bilden.

Achten Sie bei der Auswahl eines Welpen generell auf eine möglichst umfangreiche Geborgenheitsgarnitur (siehe S. 21) und wahlweise zusätzlich auf eine hohe Übereinstimmung der Geborgenheitsreize mit den Reizen, die der Welpe in Ihrem Haushalt vorfinden wird.

Wählen Sie einen erwachsenen Hund aus einem Umfeld, das Ihrem Lebensumfeld ähnlich ist, oder überprüfen Sie vorher, ob er mit der für Sie alltäglichen Reizfülle vertraut ist und hinterfragen Sie, ob Probleme bekannt sind – denn diese bringt der Hund zu Ihnen mit.

Herkunft des Hundes

Wenn Sie sich einen Rassehund anschaffen möchten, sind Züchter dieser Rasse die richtigen Ansprechpartner. Nehmen Sie in diesem Fall ruhig Kontakt zu verschiedenen Zuchtstätten auf, um die für Sie beste Wahl treffen zu können. Fühlen Sie dem Züchter genau auf den Zahn. Steht er Ihnen geduldig Rede und Antwort? Wie lange ist er mit der Rasse, die er züchtet, vertraut? Die gleichzeitige Zucht vieler unterschiedlicher Rassen ist ein Grund, stutzig zu werden. Achtet der Züchter auch im Hinblick auf die gesundheitlichen Belange seiner Tiere auf eine gute Zuchthygiene? Kann er tierärztliche Unterlagen vorweisen, die nachweisen, dass die Elterntiere in Bezug auf bestimmte Erbkrankheiten, die in dieser Rasse gegebenenfalls gehäuft auftreten, überprüft wurden und frei von derartigen Krankheiten sind? Wie hält er seine Hunde? Wie früh können Sie den Hund zu sich nehmen? Gibt es die Möglichkeit, die Hunde vor der Übernahme mehrmals zu besuchen? Welche Förderungen erfahren die Hunde bereits im Züchterhaushalt? Treffen Sie Ihre Wahl in Bezug auf die Zuchtstätte anhand der Fakten. Lassen Sie sich bei dieser Entscheidung (noch) nicht von den Hundeaugen verzaubern!

Züchter geben die Hunde meist im Welpenalter ab. Aber auch Junghunde oder erwachsene Hunde können im Einzelfall vom Züchter übernommen werden. Fragen Sie in solch einem Fall nach dem Grund, weshalb der Hund nicht bereits als Welpe abgegeben wurde.

Bei der Übernahme eines Hundes aus dem Tierheim ist der Hund meist kein Welpe mehr. Überprüfen Sie auch hier alle Ihnen zur Verfügung stehenden Daten im Hinblick auf die Eignung dieses speziellen Hundes für das Zusammenleben mit Ihnen. Lernen Sie den Hund dann kennen und beobachten Sie sein Verhalten genau. Bitten Sie gegebenenfalls einen Fachmann (z. B. einen gut ausgebildeten Hundetrainer), Ihnen bei der Entscheidung zur Seite zu stehen. Wenn der Hund gut zu Ihnen passt, steht der Übernahme (außer den bürokratischen Dingen) nichts mehr im Wege.

Sowohl beim Züchter als auch im Tierheim hat man meist die Wahl zwischen mehreren Hunden. Lassen Sie sich mit der Entscheidung Zeit und berücksichtigen Sie auch den Rat der Menschen, die den Hund am besten kennen (Tierheimpersonal bzw. Züchter).

Neben der Übernahme eines Hundes vom Züchter oder aus dem Tierheim kommt auch eine private Vermittlung in Betracht. Bei der Übernahme aus privater Hand handelt es sich meist um ein Einzeltier. Ansonsten ähneln die Auswahlkriterien denen der Übernahme eines Hundes aus dem Tierheim. Hinterfragen Sie zusätzlich, weshalb der Hund abgegeben werden soll. Manchmal ist der Grund ein Problemverhalten des Tieres. Sind Sie diesem gewachsen? Können Sie sich auf die Erklärungen des Vorbesitzers verlassen? Passt der Hund in allen Einzelheiten zu Ihnen? Wenn ja, kann es losgehen und der Hund zieht bei Ihnen ein.

Übernahmealter

Ob man sich für einen Welpen oder einen erwachsenen Hund entscheidet, ergibt sich aus ganz persönlichen Vorlieben. Beides kann Vor- und Nachteile haben. Speziell beim Welpen sind die Entwicklungsunterschiede und auch die Möglichkeiten der Einflussnahme auf die Entwicklung (je nachdem in welcher Lebenswoche der Hund zu Ihnen kommt) gravierend und sollten deshalb berücksichtigt

Spielend wird die Welt erkundet.

werden. Bedenken Sie, dass die Welpenzeit die wichtigste Zeit im Leben des Hundes ist, denn hier werden die Weichen fürs ganze Leben gestellt. Ungünstige Umwelt- und Lebensbedingungen während der ersten Lebenswochen in Bezug auf die Haltung und Aufzucht sowie negative Erlebnisse schlagen sich deutlich nieder und sind später nur sehr schwer zu beeinflussen.

Übernahmezeitpunkt eines Welpen

Leider kann man nicht pauschal beantworten, wann der günstigste Zeitpunkt ist, einen Welpen zu übernehmen. Mit Blick auf die Notwendigkeit einer guten Sozialisation und einer möglichst großen Geborgenheitsgarnitur ergeben sich aber einige Gesichtspunkte, die den einen oder anderen Zeitpunkt der Übernahme günstiger erscheinen lassen.

Bei einem verantwortungsbewussten Züchter, der die Möglichkeit hat, den Welpen ein breit gefächertes Angebot an den verschiedensten Umweltreizen zu bieten, können die Welpen, eingegliedert in ihren Familienverband (täglicher enger Kontakt mit der Mutterhündin und den Geschwistern und gegebenenfalls weiteren erwachsenen Hunden aus der Zucht), schon diverse wichtige Aspekte ihrer Umwelt erleben. Vielfältige Kontakte zu möglichst vielen verschiedenen freundlichen Menschen unterschiedlichen Geschlechts, Kleidung, Bewegungsformen usw. sind für eine gute Sozialisation (und auch bei der Bildung der Geborgenheitsgarnitur) erforderlich. Derartige Erlebnisse können und sollten den Welpen ab dem Zeitpunkt der Geburt geboten werden. Ab der ersten Grundimmunisierung (6. Lebenswoche) werden Kontakte mit „rudelfremden“ Artgenossen (deren gutes Sozialverhalten vorausgesetzt) immer wichtiger, denn auch die Hundesprache muss noch weiter verfeinert werden. Wenn all dies vom Züchter erfüllt werden kann, ist nur noch zu bedenken, dass man als neuer Besitzer wertvolle Zeit zum Bindungsaufbau und zur Sozialisation verschenkt, je länger der Hund beim Züchter bleibt. Günstig ist es daher immer, wenn der Züchter einem die Möglichkeit einräumt, den auserkorenen Welpen schon vor der Übernahme möglichst häufig zu besuchen. In diesen Momenten können mit ihm – getrennt von seinen Geschwistern – in kurzen Kennenlern- und gegebenenfalls auch Trainingssitzungen kleine „Abenteuer“ im Sinne weiterer Sozialisation erlebt werden.

Wenn die Aufzuchtsbedingungen weniger ideal sind oder sich der spätere Lebensraum stark vom Ort seiner Aufzucht unterscheidet, tut man gut daran, den Welpen schon früh in die neue Familie aufzunehmen. Dies wäre aus verhaltenstherapeutischer Sicht zwischen der 6. und 7. Woche besonders unproblematisch, denn das Verhalten der Welpen ist dann noch wenig angstgesteuert. Die Gesetzgebung sieht jedoch als frühesten Zeitpunkt die 8. Woche vor. (Schweizer Tierschutzverordnung Art. 70: „Welpen dürfen frühestens im Alter von 56 Tagen von der Mutter oder Amme getrennt werden.“) Viele Züchter warten sogar noch etwas länger und geben die Welpen erst mit der

10. Lebenswoche an den neuen Tierhalter ab.

Eingliederung des Welpen in den neuen Haushalt

Bedenken Sie, dass die Übersiedlung in das neue Zuhause für den Welpen eine sehr aufregende Angelegenheit ist. Gestalten Sie den ersten Tag so, dass er sich frei von zusätzlichen Belastungen in seiner eigenen Geschwindigkeit an die neue Umgebung gewöhnen kann. Nach ein bis zwei Tagen Eingewöhnung kann der Welpe dann schrittweise das „normale" Leben kennenlernen. Tragen Sie in jedem Fall selbst dafür Sorge, dass Ihr Welpe die bestmögliche, aber überforderungsfreie Förderung erhält, sodass er eine sichere und breit gefächerte Sozialisation erfahren kann. Ideal ist die Teilnahme an einer gut angeleiteten Welpengruppe.

Halten Sie Ihren Blick stets auf das Ausdrucksverhalten Ihres Hundes gerichtet. Zeigt er sich neutral oder vergnügt, ist alles "im grünen Bereich". Ängstlichkeit oder Angstaggression sind Zeichen von Überforderung. Dies kann auch mit körperlichen Symptomen wie z. B. Hecheln oder etwas zeitversetzt mit Durchfall einhergehen.

Verhaltensentwicklung

Die Verhaltensentwicklung eines Hundes ist ein vom Moment der Geburt an laufender Prozess. Alle Umwelteinflüsse werden vom Hund verarbeitet und formen so seine Entwicklung. Hierbei spielt es keine Rolle, ob die Umwelteinflüsse gezielt herbeigeführt wurden oder ob es sich um „Randbedingungen“ handelt. Im Folgenden werden die einzelnen Entwicklungsphasen des Hundes aufgeführt.

Entwicklungsphasen eines Hundes

Das gezeigte Verhalten ist immer eine Mischung aus angeborenen und erlernten Anteilen. In den unterschiedlichen Entwicklungsphasen kann auf den Prozess der Verhaltensentwicklung auf unterschiedliche Art Einfluss genommen werden.

Vorgeburtliche Phase

Die Erbanlagen des Hundes werden bei der Befruchtung der Eizelle festgelegt und sowohl durch die Gene des männlichen Tieres als auch der Mutterhündin bestimmt. Das von den Elterntieren ausgehende genetische Material bildet die Grundlage der Verhaltensentwicklung des Hundes. Die grundsätzlichen Weichen für diesen Prozess werden also schon sehr früh gestellt.

Durch die Zucht wird das Erbmaterial breit gestreut. Dies gilt nicht nur für den Körperbau oder die Fellbeschaffenheit, sondern auch für charakterliche und gesundheitliche Aspekte. Bei der Auswahl der Elterntiere ist daher streng darauf zu achten, dass diese sowohl gesundheitlich als auch charakterlich die besten Veranlagungen aufweisen. Sie sollten frei von Erbkrankheiten sein und keine Tendenz zu Stressanfälligkeit oder Ängstlichkeit aufweisen, da diese Eigenschaften einen hohen Erblichkeitswert haben.

Neugeborenenphase

Diese Phase dauert vom Zeitpunkt der Geburt bis etwa zum 14. Lebenstag. Die noch wenig handlungsfähigen Welpen sind während dieser Zeit taub und blind und auf diese Weise vor ungünstigen psychischen Umwelteinflüssen geschützt. Ihre Wärmebildung ist noch nicht voll ausgereift und die körperlichen Reserven sind gering. Zwischen kalt und warm können sie aber bereits unterscheiden. Auch der Geruchs- und Geschmackssinn und das Schmerzempfinden sind von Geburt an bereits ausgereift.

Ein Hund kann das Familienleben sehr bereichern.

Wissenschaftliche Studien belegen, dass Geruchskontakte mit Menschen während dieser frühen Zeit zu einer leichteren Kontaktaufnahme in der folgenden Lebensphase führen. Auch mäßiger Stress, dem die Welpen jetzt ausgesetzt werden (z. B. die Welpen zum Wiegen einzeln aus dem Wurflager zu nehmen oder sie in der Hand zu drehen und zu wenden), fördert im späteren Leben die Fähigkeit, mit Belastungen und Problemsituationen fertig zu werden. Dies ist darauf zurückzuführen, dass während der Neugeborenenphase die Feinabstimmung des hormonellen Regelsystems stattfindet. Neben der Stresstoleranz werden in dieser Lebensphase auch die Weichen für die Frustrationstoleranz gestellt.

Übergangsphase

Die Übergangsphase dauert etwa vom 15. bis zum 21. Tag. Während dieser Zeit öffnen die jungen Hunde zum ersten Mal die Augen und die Zähnchen brechen durch. Auch der Hörsinn ist jetzt voll entwickelt. Die Welpen können das Lager schon kurz verlassen und beginnen selbstständig, Harn und Kot abzusetzen. Die dritte Lebenswoche ist zusammen mit der vierten und fünften Lebenswoche die wichtigste Zeit zur Aufstellung der Geborgenheitsgarnitur (vgl. S. 21).

Sozialisationsphase

Während der Sozialisationsphase werden die zunächst im Überfluss angelegten Nervenverbindungen der jeweiligen Lebenssituation angepasst. Entscheidend hierbei ist, dass unnütze Verbindungen abgebaut und die benutzten Nervenbahnen stabilisiert werden. Für den Welpen bedeutet dies zweierlei: Einerseits verfügt er über ein umso breiteres Nervennetzwerk, je mehr Dinge er erleben kann (bessere „Hardware"), andererseits lernt er auch, wie er durch sein eigenes Verhalten Einfluss auf die Situation nehmen kann (viele Lernerfahrungen = Auswahl an „Software-Programmen"). Noch vor einigen Jahren wurde diese Phase recht weit gefasst und mit Zeiten bis zur 16. Lebenswoche angegeben. Heute weiß man, dass vor allem in den ersten beiden Wochen der Sozialisationsphase (Lebenswoche vier und fünf) zusammen mit der Übergangsphase der absolut entscheidende Grundstein für das folgende Leben gelegt wird, denn in dieser Zeit werden alle Reize als Geborgenheitsreize abgespeichert.

Während der Sozialisationsphase werden die wichtigsten sozialen Spielregeln erlernt und erprobt. Tägliche und intensive Kontakte mit Artgenossen und Menschen (sowie gegebenenfalls mit anderen Tierarten, mit denen der Hund zusammenleben wird) sind hierfür essenziell. Auch das Erleben von Umweltreizen spielt eine große Rolle in der Entwicklung des Welpen. In diesem Alter sind Förderungsmaßnahmen unter gleichzeitiger strikter Vermeidung von Überforderungssituationen für die Entwicklung extrem wichtig. Auch die Stresstoleranz, die Bindungsfähigkeit und die Lernfähigkeit des Hundes können in dieser Zeit entscheidend beeinflusst werden. Um zu einem freundlichen, emotional positiv eingestellten („freien"), sozial gut geschulten und selbstbewussten Hund

Ausgelassener Spaß im Familienverband.

heranzuwachsen, sind für den Welpen positive Erlebnisse und auch ein frühes (Gehorsamkeits-)Training ohne Druck erforderlich.

Im Zusammenleben mit dem Welpen ist darauf zu achten, dass er seine Umwelt (die belebte und die unbelebte) als etwas rundweg Positives wahrnehmen kann. Negative Erlebnisse (vor allem Angst und Schmerzen) in dieser Lebensphase haben langfristigen Einfluss auf die Verhaltensentwicklung und sind schwer rückgängig zu machen, wenn dem Welpen in Bezug auf den jeweiligen Reiz ein „Puffer" an früheren positiven Erlebnissen fehlt.

Die Erlebnisse aus der Sozialisationszeit (inklusive der Geborgenheitsreize) dienen dem Hund später als Vergleichsmaßstab bei der Bewertung neuer Situationen.

Die Geborgenheitsgarnitur

Während der dritten, vierten und fünften Lebenswoche nimmt der Hund seine Umwelt angstfrei wahr, denn das Gehirn ist für das Gefühl „Angst" noch nicht reif. Es wird das emotionale und kognitive Bewusstsein für die Umwelt geschaffen. Die Reize, die der Welpe in dieser Zeit kennenlernt, werden somit zu Geborgenheitsreizen, denn sie sind nicht angstverknüpft. Die Gesamtheit all dieser Reize wird als Geborgenheitsgarnitur bezeichnet. Man kann sie sich wie eine Schublade vorstellen, in die die entsprechenden

Eckdaten	Relevante Zeit in der Entwicklung/Maßnahme
Genetischer Einfluss	Vorgeburtlich, Festlegung der Verpaarung
Zeitpunkt der Geburt	Nun wirken auch äußere Einflüsse direkt auf den Welpen ein.
Geruchssinn	Ab Geburt bereits entwickelt, volle Entfaltung mit ca. 4. LM
Geschmackssinn	Ab Geburt entwickelt
Schmerzempfinden	Ab Geburt voll entwickelt
Wärme-/Kälteempfinden	Ab Geburt bereits entwickelt, in den ersten LW keine vollständige eigene Thermoregulation möglich
Entwicklung der Stresstoleranz	besonders wichtig: Tag 0–14
Entwicklung der Frusttoleranz	Besonders wichtig: Geburt bis 5. LW
Entwöhnung von der Muttermilch	ab 3. LW beginnend
Sinneskanal Augen	Öffnung der Augen ca. 2. LW
Sinneskanal Ohren	Volle Entwicklung ca. 2. LW
Entwicklung der Geborgenheitsgarnitur	Lebenswoche 3–5
Sozialisation in Bezug auf Artgenossen	Besonders wichtig im Gruppenverband: Geburt bis 5./6. LW, an fremde Artgenossen bis 12. LW, aber auch danach sollte die Förderung nicht unterbrochen werden
Sozialisation in Bezug auf Menschen	Besonders wichtig: Geburt bis ca. 12. LW, täglicher und liebevoller Kontakt ist essenziell, auch danach sollte die Förderung nicht unterbrochen werden
Sozialisation in Bezug auf fremde Tierarten	Besonders wichtig: Geburt bis 12./16. LW, auch danach sollte eine fortgesetzte Förderung bestehen
Zahnwechsel	Ab viertem Lebensmonat beginnend, Abschluss mit ca. 6 Monaten
Beißhemmungslernen	Bis ca. 5./6. LM
Wichtigkeit der Rangstrukturen	Zunehmend ab 4. LM
Entwicklung der Geschlechtsreife	Rüden: ca. 4.–10. Monat Hündinnen: ca. 7.–11. Monat
Einsetzen von Alterungsprozessen	Große Rassen: ca. ab 6–8 Jahren Kleine Rassen: ca. ab 10–12 Jahren

Informationen (Bilder, Gerüche, Erlebnisse, Kontakte mit Menschen oder anderen Tieren usw.) gelegt werden. Immer wenn der Hund nach Abschluss der fünften Lebenswoche mit einer neuen Situation konfrontiert wird, kommt es zu einem emotionalen Abgleich. Man kann sagen, er wühlt in seiner Erinnerungsschublade, wo er die Geborgenheitsreize abgelegt hat und schaut, ob dort Informationen, die denen der momentanen Situation entsprechen, zu finden sind. Findet der Hund diese Information, führt das zu einem Sicherheitsgefühl, denn diesen Reiz hat er bereits angstfrei kennengelernt. Kann der Hund hingegen in seiner Vergleichsschublade keine gleichartigen Informationen finden, löst der neue und ihm noch unbekannte Reiz zunächst Angst aus.

Je umfangreicher die Geborgenheitsgarnitur (also je voller die Schublade mit unterschiedlichen Informationen) ist, desto eher kann der Hund in neuen Situationen einen Reiz finden, der ihm als Geborgenheitsreiz dient und das Gefühl von Sicherheit gibt. Auch ähnliche Informationen können als Geborgenheitsreiz herhalten und Angst mildern, wenn kein exakt gleiches „Bild" zu finden ist.

Die Beißhemmung

Die Beißhemmung ist keinesfalls angeboren. Sie wird bis etwa zur 18. Lebenswoche durch ein Aktions-Reaktions-Muster erlernt. Dieses sieht wie folgt aus: Ein Welpe beißt im Spiel einen anderen Hund, der vor Schreck und Schmerzen aufschreit. Beim ersten Mal bedeutet dieser Schrei für den spielerischen Angreifer zunächst noch nichts, er hört vermutlich nicht auf, zu beißen. Der andere allerdings spielt so nicht weiter. Entweder dreht er sich um und verteidigt sich seinerseits mit einem Biss oder er lässt den Welpen einfach stehen. Durch diese Erfahrung lernt der Welpe, die Bedeutung seines eigenen Bisses, den Grund des Aufschreies und auch die Stärke der Gegenwehr bzw. Reaktion einzuschätzen: Er erfährt, dass sie von der Stärke seines Angriffs abhängt. Um das Ziel „Spielen" zu erreichen und/oder aufrechtzuerhalten, muss jeder Hund im Kontakt mit Artgenossen sein Verhalten anpassen. Diese wichtige Lernerfahrung bildet die Grundlage der Beißhemmung.

Entgegen der landläufigen Meinung, Welpen hätten einen sogenannten „Welpenschutz", liegen die Dinge in Wirklichkeit anders. Kein erwachsener Hund hat die „Pflicht", einen fremden Welpen (und somit fremdes Erbgut) zu schützen. Einen Welpen zu beißen oder gar zu töten, ist unter Hunden allerdings trotzdem eine seltene Ausnahme, denn Welpen haben im Allgemeinen die Tendenz, sich erwachsenen Hunden gegenüber eher unterwürfig zu zeigen und sich somit selbst zu schützen.

Um eine bestmögliche Beißhemmung mit Artgenossen erlernen zu können, muss der Welpe und Junghund Spielgelegenheiten mit möglichst vielen unterschiedlichen Hunden haben, um deren unterschiedliche Spieltypen und Körpersprachenausdrücke kennenzulernen. Die Spielpartner sollten ihrerseits über ein gutes Sozialverhalten (erwachsene Hunde speziell über eine gute Beißhemmung) verfügen, damit auch diese Erlebnisse für den noch jungen Hund positiv sind.

Aber auch in Bezug auf Menschen sollte der Hund eine möglichst gute Beißhemmung und sowie andere allgemeine Höflichkeitsregeln (z. B. das Nicht-Anspringen) lernen.

Übung: Schreien Sie kurz und theatralisch auf, sobald der Hund im Spiel beginnt, zu ruppig zu werden, und brechen Sie das Spiel dann kommentarlos ab. Ignorieren Sie den Hund während dieser Zeit oder entziehen Sie sich ihm räumlich, wenn er seine Spielattacken fortsetzt. Warten Sie, bis Ihr Hund sich wieder ruhig und gesittet benimmt. Laden Sie ihn erst dann in eine zweite Spielrunde ein. Auf diese Weise lernt er schnell, dass er nur dann mit seinen Menschen spielen kann und nur dann die erwünschte Zuneigung erfährt, wenn er seine Zähne (und Kraft) unter Kontrolle hält.

Welpenspielgruppen

Heutzutage ist es üblich, mit dem Welpen in eine Welpenspielgruppe zu gehen, damit er dort die Feinheiten der Hundesprache und soziale Regeln im Umgang mit Artgenossen lernen kann. Dies ist eine sehr gute Entwicklung, denn Hunde brauchen eine Vielzahl von Lernerfahrungen – im Speziellen, wenn sie mit den Reizen noch nicht im Detail vertraut sind, um einen sicheren Umgang zu beherrschen. Suchen Sie sich eine Hundeschule, die kleine Gruppen (etwa sechs Hunde) zusammenstellt, in der unterschiedliche Rassen zugelassen werden und die von einem fachkompetenten Trainer

Im Spiel wird die Beißhemmung erlernt.

geleitet wird. Ein zu häufiges Eingreifen und das Verhindern oder ständige Unterbrechen von Spielkontakten, die auch mal etwas wilder zugehen können, ist ebenso wenig sinnvoll wie ein bloßes, wohlwollendes Zuschauen. Ideal ist also eine Gruppe, in der die Welpen unter dauernder Beobachtung durch einen erfahrenen Hundetrainer stehen, und dieser im Einzelfall lenkend eingreift. Als Tierhalter sollten Ihnen im Rahmen eines Welpenkurses auch fachgerechte Anleitungen in Erziehungsfragen geboten und die neusten Erkenntnisse in punkto Haltung und Verhalten vermittelt werden. Da die Welpenzeit eine Zeit erhöhten Infektionsrisikos ist (das Immunsystem ist noch nicht voll ausgereift), sollte bei der Anmeldung streng auf die Impfdaten und die Krankheitsprophylaxe geachtet werden. Die beste, wenn auch nicht vollauf befriedigende Lösung im Hinblick auf eine normale Verhaltensentwicklung bei gleichzeitig bestmöglichem Schutz vor Infektionskrankheiten ist folgende: Lassen Sie den Welpen früh und regelmäßig impfen und achten Sie darauf, ihn nicht aus Sorge vor Infektionen zu isolieren. Kein anderer Baustein der Entwicklung ist so wichtig wie eine gute Sozialisation. Hierzu sind häufige Kontakte mit anderen gesunden und ebenfalls geimpften Hunden erforderlich!

Jugendphase

Die Jugendphase schließt sich der Sozialisationsphase an. In dieser Zeit sind soziale Kontakte und die Möglichkeit zu spielen weiterhin für das Wohlbefinden der Tiere wichtig, auch wenn diese Kontakte keinen prägungsähnlichen Charakter mehr haben. Eine Fortsetzung der allgemeinen sozialen Förderung und des Gehorsamstrainings ist nötig, um den noch jungen Hund zu leiten und zu lenken. In die Jugendphase fällt außerdem der Zahnwechsel der Hunde, der zwischen dem vierten und sechsten Monat stattfindet. Die Jugendphase dauert bis zum Eintritt der Geschlechtsreife. Diese kündigt sich beim Rüden dadurch an, dass er beginnt, beim Harnabsatz das Bein zu heben – je nach Veranlagung, sozialem Umfeld und Rasse bereits ab dem fünften Monat. Hündinnen werden durchschnittlich zwischen dem siebten und elften Monat zum ersten Mal läufig und damit geschlechtsreif.

Erwachsenenalter

Ähnlich wie beim Menschen gibt es auch bei Hunden unterschiedliche Aspekte des Erwachsenseins. Die soziale Reife beispielsweise erreichen Hunde nicht gleichzeitig mit dem Eintritt der Geschlechtsreife, sondern erst wesentlich später. Auch hier spielen wieder Veranlagung, Rasse und das soziale Umfeld entscheidende Rollen. Das bedeutet, dass einige Hunde (kleinere Rassen) schon mit 1½ Jahren, andere (große Rassen) aber erst mit drei Jahren oder noch später ihre soziale Reife erreichen.

Altern

Im Durchschnitt kann man bei Hunden ab einem Alter von ungefähr acht Jahren Alterungsvorgänge beobachten. Da die Rassevielfalt so enorm ist, sind auch die Unterschiede in Bezug auf das Altern besonders groß. Pauschal kann man sagen, dass kleinere Rassen im Durchschnitt älter werden und später altern als große Rassen. Ähnlich wie bei uns Menschen handelt es sich aber um einen individuellen Prozess. Einige Hunde altern demnach früher, andere später, diese langsam und jene schlagartig. Auch im Verhalten sind mit zunehmendem Alter des Hundes Veränderungen zu beobachten, die denen der Menschen ähnlich sein können. Dies gilt auch für das Nachlassen von Sinnesleistungen (vor allem Seh- und Hörsinn).

Kommunikation

Hunde sind soziale Lebewesen, die in fein abgestufter Art und Weise mit ihresgleichen, aber auch mit fremden Tierarten (und dem Menschen) kommunizieren können. Diese Fähigkeit zur sozialen Kommunikation ist den Hunden aber nicht allumfassend mit in die Wiege gelegt worden. Wichtige Regeln werden in den ersten Lebenswochen im Umgang mit anderen Lebewesen erlernt.

Die Betrachtung des Normalverhaltens

Die mittlerweile über 400 Hunderassen, die es auf der Welt gibt, unterscheiden sich untereinander nicht nur im äußeren Erscheinungsbild, sondern auch in ihrem Verhalten. Wegen dieser Uneinheitlichkeit und Vielfalt lässt sich kein Vergleichsmaßstab für „nor-

Auch viele erwachseneHunde toben gerne mit Artgenossen

males Hundeverhalten" festlegen. Will man ergründen, was normal ist und was in den Bereich Problemverhalten fällt oder sogar als Verhaltensstörung bezeichnet werden muss, dann sollte man immer einen Blick auf das rassetypische Verhalten des Hundes werfen (vgl. Tabelle S. 8 – 11). Bedingt durch ihre Veranlagungen neigen einige Rassen mehr als andere dazu, ein ganz bestimmtes (Problem-)Verhalten zu entwickeln. Aus dieser Tatsache ergibt sich die im Prinzip sicherste Prophylaxe: Wählen Sie Ihren Hund anhand der Kriterien aus, die Sie als wünschenswert erachten und lenken Sie Ihren Hund später auch erzieherisch in die gewünschte Richtung.

Aus der Tatsache, dass Hunde schon vor weit mehr als 12 000 Jahren domestiziert wurden (vgl. S. 6), ergibt sich außerdem, dass das Verhalten des Wolfes, des Stammvaters der Hunde, heute nicht mehr als allgemeingültiges Referenzsystem für „normales" Hundeverhalten herhalten kann. Trotzdem kann man mit einem Blick auf das Wolfsverhalten noch die eine oder andere Eigenart im Hundeverhalten erklären. Gute Kenntnisse der Körpersprache des Hundes helfen, im täglichen Zusammenleben mit ihm Situationen leichter einschätzen zu können.

Ausdrucksverhalten

Hunde kommunizieren über Mimik und Gestik, Gerüche, Berührungen und Laute. Körpersprachedetails (Mimik und Gestik) spielen in der „Sprache" des Hundes die wichtigste Rolle.

Durch eine gewissenhafte Auswahl der Rasse mit all ihren Verhaltensmerkmalen und unter Berücksichtigung der Zuchtgeschichte kann man bei Rassehunden schon vor dem Kauf abschätzen, mit welchen Veranlagungen man später zu rechnen hat.

Um einen Hund „lesen" und somit verstehen zu können, ist es wichtig, dass man vor allem die Körpersprache des Hundes erkennen und richtig deuten kann.

Unter Mimik versteht man den Ausdruck des Gesichts, also beispielsweise die Lefzen hochzuziehen oder die Ohren aufzustellen, während als Gestik der gesamte Körperausdruck (z. B. die Kopf-, Körper- oder Rutenhaltung und -bewegung) bezeichnet wird.

Bei der Beurteilung von Hundeverhalten ist es wichtig, nicht nur ein Einzelsignal zu betrachten, denn das kann leicht in die Irre führen. Sei es, weil es in verschiedenen Kontexten in der Hundesprache unterschiedliche Aussagen haben kann oder weil es rassebedingt vielleicht „normal" ist. Hierzu zwei Beispiele: Ein Hund kann die Ohren anlegen, weil er große Angst hat oder er kann dies ihm Rahmen einer freundlichen Annäherung (aktive Demut) tun. Ein Hund, der die Rute hoch über dem Rücken trägt, kann Imponierverhalten zeigen oder es kann sich um ein zuchtbedingtes Erscheinungsbild dieser Hunderasse handeln.

Wird dieser Aspekt nicht genügend berücksichtigt, führt dies leicht zu Fehlinterpretationen. Das bekannteste Beispiel einer pauschalen Fehlinter-

Körpersprache des Hundes

Die Körpersprache des Hundes ist situationsgebunden.

Die Übergänge sind fließend.

neutrale Körperhaltung

aufmerksam

Spielposition

Spielposition

freundlich-unsicher

unsicher/ängstlich

Demutsgeste

Unsicherheit/Angst

unsicheres Drohen, bereit zur Flucht

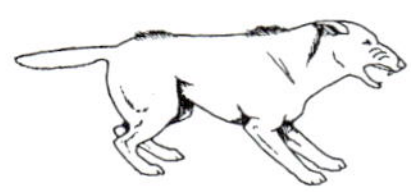

unsicheres Drohen, bereit zur Flucht oder zum Angriff

unsicheres Drohen, bereit zum Angriff

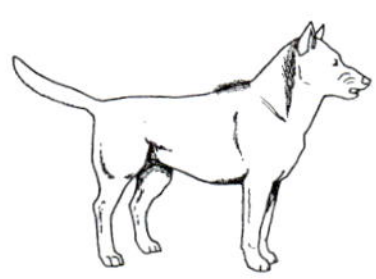

selbstsicheres Drohen

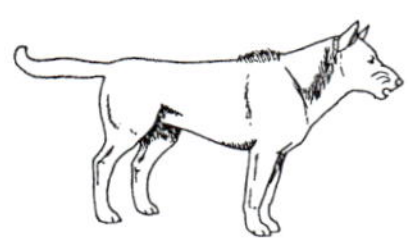

selbstsicheres Drohen, bereit zum Angriff

pretation von Hundegesten ist das Wedeln. In der Öffentlichkeit wird es häufig mit „Freude“ gleichgesetzt. Leider ist dies fachlich nicht korrekt, denn für den Hund gibt es viele unterschiedliche Beweggründe zu wedeln – mit unterschiedlichen „Sprachinhalten“: Ganz allgemein bedeutet Wedeln „Aufregung“ – diese kann zwar freudiger Art sein, aber ein Hund kann auch vor einem Streit oder aus Unsicherheit wedeln!

Auch in anderen Momenten kann es leicht zu Fehlinterpretationen kommen, etwa wenn sich in die Beurteilung der Verhaltensweisen Moralvorstellungen mischen. Ein Beispiel wäre der „schuldbewusste“ Hund, dessen Körpersprache in Wirklichkeit keinesfalls Reue, sondern Angst ausdrückt.

Auf folgende Details des optischen Ausdrucksverhaltens von Hunden ist speziell zu achten: Wohin richtet der Hund seinen Blick? Wie ist die Ohrstellung? Ist der Nasenrücken gekräuselt? Werden die Zähne gebleckt? Wie viele Zähne und wie viel Zahnfleisch kann man sehen? Ist der Maulwinkel eng und rund oder spitz und weit nach hinten gezogen? Wie ist die Gesamtkörperhaltung? Ist die Muskulatur weich und locker oder starr und steif? Macht sich der Hund groß oder ist er in den Gelenken eingeknickt, sodass er kleiner erscheint? Wie wird der Kopf und wie wird die Rute getragen? Findet Bewegung statt? In welche Richtung sind die Bewegungen orientiert? Wie schnell werden die Bewegungen ausgeführt?

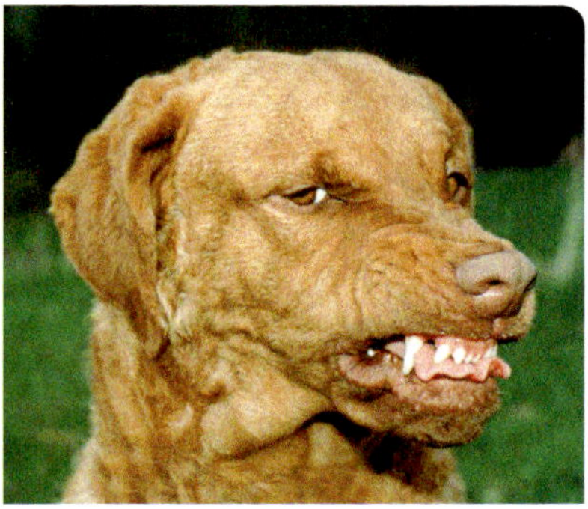

Drohverhalten mit einem hohen Maß an Unsicherheit.

Angst

Angstverhalten ist auch bei Hunden eine normale Reaktion auf verschiedene Reize, mit denen sie im täglichen Leben konfrontiert werden können. Die Sensibilität, mit der ein Hund ängstlich reagiert, ist sehr unterschiedlich. Sie wird weitgehend durch den Grad der Sozialisation, aber auch durch andere Erfahrungen und die genetische Veranlagung bestimmt.

Die Verhaltensweisen, die ein Hund in Angstsituationen zeigt, reichen von Gesten der Unsicherheit und Unterwürfigkeit (sich klein zu machen, die Rute einzuziehen, sich auf den Rücken zu drehen, eine Pfote anzuheben, die Ohren anzulegen), bis hin zu körperlichen Symptomen starken Stresses (etwa einer gesteigerten Herzschlag- und Atemfrequenz, Durchfall, unkontrolliertem Harn- und Kotabsatz, Speicheln und Erbrechen).

Angst ist ein sehr negatives Gefühl, das dem Körper auch als Warnung und somit als Schutz vor Widrigkeiten dient. Die Natur hat es aus diesem Grund so eingerichtet, dass Angsterlebnisse schnell und intensiv abgespeichert werden. Alles, was ein Hund unter einem gesteigerten Erregungsniveau und mit dem Gefühl von Angst oder Unsicherheit kennenlernt, kann später selbst ein Angstauslöser sein. Angsterlebnisse werden sehr schnell generalisiert. Das bedeutet, dass der Hund seine Angst vor bestimmten Details der Situation verallgemeinert. Er kann sie leicht auf ähnliche Dinge, Lebewesen oder Situationen beziehen, sodass diese bald eigenständig Angst bei ihm auslösen, selbst wenn er sie früher noch stressfrei ertragen und mit diesen konkreten Details nie eigenständig schlechte Erfahrungen gemacht hat.

Aggression

Aggressionsverhalten gehört mit zum Normalverhalten eines Hundes. Es gibt verschiedene Auslöser, die zu unterschiedlichen Formen aggressiven Verhaltens führen können. Die meisten Fälle von Aggression sind als Antwort auf spezifische Umweltreize zu sehen. In diesen Fällen stellen sie keine Verhaltensabnormität dar – stehen aber einem reibungslosen Zusammenleben von Mensch und Hund entgegen und sind deshalb dringend therapiebedürftig. Die Sorge „etwas zu verlieren" (Emotion: Angst/Unsicherheit) ist einer der häufigsten Gründe, aggressiv zu reagieren. Hierbei ist der Verlust des Wohlbefindens (Ursache: Krankheiten, Schmerzen, körperliches Unwohlsein) genauso gemeint, wie der Verlust eines Objektes (ressourcenbezogene Aggression). Souveränität, Ausgeglichenheit und körperliches Wohlbefinden hingegen sind die Gegenpole, die es anzustreben gilt, wenn man der Tendenz zu aggressiven Verhaltensweisen entgegenwirken will (vgl. S. 56 Problemverhalten).

Aggressives Verhalten kann in offensiver oder defensiver Form und jeweils gehemmt oder ungehemmt gezeigt werden. Zu den offensiven Ausdrucksweisen zählen Handlungen wie den Gegner mit dem Blick zu fixieren, offensives Drohen, sich ihm anzunähern, zu bedrängen oder anzugreifen. Zur gehemmten defensiven Aggression zählen Verhaltensweisen wie unsicheres Drohen oder Abwehrschnappen. Der Hund richtet seinen Blick hierbei nicht starr auf den Gegner und nähert sich ihm seinerseits nicht aktiv an.

Soziale Spielregeln

Soziale Spielregeln ihrer eigenen Art lernen Hunde im Hund-Hund-Kontakt. Häufige Kontakte mit guten Lehrmeistern (souveräne Hunde, die über ein abgestuftes Drohverhalten und eine gute Beißhemmung verfügen) sind hierfür notwendig. In aller Regel finden derartige Kontakte auf dem Spaziergang statt. Als Hundehalter sollte man ein Auge darauf haben, dem eigenen Hund derartige Kontakte zu ermöglichen.

Im Zusammenleben mit Menschen müssen Hunde neben den sozialen Spielregeln in ihrer eigenen Art aber auch einiges über Menschen lernen. Sie lernen „menschlich" wie wir eine Fremdsprache. Genau wie auch in der Sprache der Menschen gleiche Worte in unterschiedlichen Sprachen unterschiedliche Bedeutungen haben können (Beispiel „gift“: englisch für „Geschenk“ und „Gift“ im Deutschen), so können ähnliche Gesten in der menschlichen Sprache und in der arteigenen Kommunikation von Hunden unterschiedliche Bedeutungen haben. Ein typisches Beispiel in diesem Zusammenhang wäre das Streicheln über den Kopf oder generell Berührungen von oben. Von Menschenseite her gesehen handelt es sich meist um liebevolle Zuwendung, aus Hundesicht gesehen sind jedoch Berührungen von oben eine Drohgeste! Über ein spezielles Training kann dem Hund aber durchaus eine neue (menschliche) Bedeutung von derartigen Gesten beigebracht werden. Derartige Lerninhalte gezielt umzusetzen ist sinnvoll, um Kommunikationsmissverständnissen dieser Art vorzubeugen.

Neben allgemeinen „Sprachinhalten“ ist aber auch ein höflicher Umgang mit Menschen wichtig: im privaten, aber speziell auch im öffentlichen Bereich. Hierzu zählt, dass Hunde ihre Zähne in aller Regel nicht gegen Menschen einsetzen, nicht an ihnen hochspringen oder sie körperlich bedrängen oder verbellen sollen. All dies kann ein Hund lernen! Je früher er in ein modernes und über positive Trainingstechniken ausgerichtetes Training eingebunden wird, desto leichter und schneller wird er die dort vermittelten Regeln (soziale Regeln und Gehorsamsübungen) beherrschen. Die Grundbedingung hierfür ist ein gutes Vertrauensverhältnis zum Besitzer. Der Hund muss nämlich zunächst lernen, dass Lernen Spaß macht und dass es für ihn vorteilhaft ist, sich auf die

Rücksichtsvolles Führen des Hundes im öffentlichen Bereich.

menschliche Führung einzulassen. Besonders leicht gelingt dies, wenn der Hund in der Art und Weise, wie er gehalten wird, sozial in die Gruppe eingebunden ist und dort auch Führung vorgegeben bekommt und er nicht wie ein Sportwerkzeug nur in Trainingsmomenten „hervorgekramt“ oder wie ein Roboter angeschaltet und aktiviert wird.

Die Rangordnung

Hunde sind von ihrer Art her darauf ausgerichtet, in einer sozialen Gruppe zu leben. Es sind Rudeltiere, die enge Bindungen mit ihren Gruppenmitgliedern eingehen.

Um innerhalb einer sozialen Gruppe möglichst konfliktfrei leben zu können, gibt es bei vielen Tierarten soziale Regeln und eine soziale Hierarchie. Dies ist auch beim Hund der Fall.

In Bezug auf die sozialen Regeln (die von Gruppe zu Gruppe unterschiedlich sein können, je nachdem, was in einem Haushalt erlaubt ist und was nicht) gilt es vor allem, Konsequenz walten zu lassen. Bei inkonsequentem Vorgehen kann der Hund den Inhalt der „Spielregeln" nicht nachvollziehen und sich demnach nicht daran halten.

Das wichtigste Rangprivileg für Hunde ist der Erhalt von Aufmerksamkeit. Im Rahmen einer Rangeinweisung ist das die Stellschraube, an der man drehen kann, um eine „hundelogische" und ohne körperlichen Zwang umgesetzte Rangeinweisung durchzuführen.

Um die Rangverhältnisse zu klären, ist es nicht erforderlich, Hand anzulegen oder anderweitig aktiv auf den Hund einzuwirken, sondern nur die dem Hund wichtig erscheinenden Ressourcen zu kontrollieren. Dies bezieht sich vor allem auf die überlebenswichtigen Dinge (wie soziale Zuwendung oder Futtergabe) und auf Dinge des Wohlbefindens (etwa Spielzeug oder Liegeplätze). Ranghoch ist hierbei derjenige, der es schafft, die wichtigen Dinge (Ressourcen) für sich in Anspruch zu nehmen bzw. zu behalten oder andere dazu zu bringen, ihm diese Dinge zu überlassen.

Eine strenge Führung vorgegeben zu bekommen, ist für den Hund übrigens keine Last! Sich an einem „Chef" orientieren zu können, hat Entspannungscharakter. Die Voraussetzung ist allerdings, dass der Mensch die Chefrolle (auch aus Hundesicht gesehen) gut ausfüllt. Souveränität, Konsequenz, die Anerkennung von erbrachter Leistung und die Möglichkeit, eigene Ideen einzubringen, sind Eigenschaften, die aus Hundesicht einen guten Chef auszeichnen. Sie sehen: In diesem Punkt unterscheiden sich Hunde kaum von Menschen!

Rangregeln dienen dazu, aggressive Auseinandersetzungen innerhalb der eigenen Gruppe zu vermeiden. Im Zusammenhang mit der Tendenz für sich im Leben die bestmögliche Sozialstellung in Anspruch zu nehmen, fällt häufig der Begriff „Dominanz". Dominanz ist keine allgemeingültige Charaktereigenschaft, sondern bezeichnet in einer Momentaufnahme das Verhältnis zweier Individuen bzw. die Fähigkeit des einen, eine Ressource (souverän) zu kontrollieren. Rangstärke und Dominanz sind eng miteinander verwandt. Hierbei ist auffällig, dass diejenigen, die diese Eigenschaften wirklich aufweisen, nur äußerst selten aggressiv reagieren. Sie haben aufgrund ihrer souveränen Grundhaltung Streit nicht nötig. Die „Streithammel" unter den Hunden sind entgegen der landläufigen Meinung nicht dominante oder ranghohe, sondern in den meisten Fällen sozial unsichere Tiere!

Hundehaltung

Hundehaltung ist eigentlich eine recht simple Angelegenheit, auch wenn der Markt durch die Fülle an Produkten vielleicht etwas anderes suggeriert. Um glücklich und zufrieden zu sein, brauchen Hunde keinen Luxus. Für sie ist es wichtig, dass sie in einer sozialen Gruppe leben können, dass sie als Persönlichkeit wahrgenommen und entsprechend behandelt, dass sie in soziale Aktivitäten „ihrer" Menschen eingebunden werden und hierbei auf geistiger und körperlicher Ebene Beschäftigung finden. Für die Entwicklung eines guten Sozialverhaltens in Bezug auf Artgenossen ist es außerdem erforderlich, Welpen und Junghunden Kontakte mit Artgenossen zu ermöglichen, damit sie die Feinheiten des Hundeverhaltens überhaupt lernen oder später weiter schulen können. Neben all diesen sozialen Punkten ist im Rahmen einer artgerechten Haltung außerdem für die Bereitstel-

Aus solchen Szenen entstehen leider häufig Unfälle aufgrund von Kommunikationsmißverständnissen.

lung der Grundbedürfnisse zu sorgen. Allem voran bezieht sich dies auf die Versorgung mit Nahrung und Wasser, die Bereitstellung eines sicheren Ortes (Liegeplatz), an den sich der Hund zum Ruhen zurückziehen kann, sowie die Kontrolle der Gesundheit und die umgehende Behandlung im Krankheitsfall.

Wie Sie sehen, ergibt sich hieraus, dass, wenn all diesen Punkten Rechnung getragen wird, nichts gegen die Haltung eines Hundes in einer Stadtwohnung ohne Garten oder gegen die Haltung eines großen Hundes in einer kleinen Wohnung spricht.

Erforderlicher Zeitaufwand

Wenn Hundehaltung optimal gestaltet wird, ist sie zeitintensiv, denn Hunde müssen täglich körperlich und geistig beschäftigt werden. Neben Familienanschluss ist es für Hunde selbstverständlich ebenso wichtig, ausgeführt zu werden. Auf den Spazierrunden kann dem Hund leicht die Möglichkeit zu Kontakten mit Artgenossen und zum Schnuppern gegeben werden. Weil das notwendige Maß an Bewegung stark vom Gesundheitszustand des Tieres abhängig ist, kann keine allgemeingültige Richtlinie aufgestellt werden, wie lange man mit einem Hund spazieren gehen sollte. Bei einem gesunden Tier mit guter Kondition braucht man sich aber im Allgemeinen keine Sorgen zu machen, dass man ihm zu viel Bewegung verschafft – meist ist eher das Gegenteil der Fall.

Faustregeln: Für einen gesunden Hund sollten zwei Stunden täglich das

Im städtischen Bereich muss der Hund vielen Verleitungen standhalten können.

Minimum sein. Außerdem ist darauf zu achten, dass der Hund mindestens dreimal täglich (besser öfter) die Möglichkeit hat, sich zu lösen.

Hunde sind ausgesprochen lauffreudige Tiere. Dies gilt auch für kleine Hunde. Neben der Befriedigung des Bewegungsdranges bietet ein Spaziergang natürlich die Gelegenheit, Trainingsübungen mit dem Hund umzusetzen.

Sich frei im Garten bewegen zu dürfen, bietet dem Hund keinen Ausgleich zu Spaziergängen – vor allem dann nicht, wenn sich der Hundehalter nicht mit ihm im Garten beschäftigt. Innerhalb des Gartens

Durchschnittliche Kostenübersicht	Preis CHF	Preis EUR
Anschaffungspreis des Hundes	0–4000	0–2500
Materialkosten im ersten Jahr		
Liegeplatz	40–400	25–250
Autosicherheitsvorrichtung	40–1500	35–1000
Wasser/Futternapf	20–100	5–80
Leine	50–150	10–100
Halsband/Geschirr	50–200	20–200
Spielzeug	10–200	5–100
Steuer und Versicherungen		
Hundesteuer pro Jahr	60–150	0–1500
Haftpflichtversicherung/Jahr	60–150	50–500
Hundeschule		
SKN-Kurs Theorie (Schweiz)	150	–
SKN-Kurs Praxis (Schweiz)	150	–
Welpenkurs	30–250	30–400
Junghundekurs für 6 Monate	30–500	30–600
Fortgeschrittenennkurs/Sport	30–900	30–1200
Medizinische Versorgung		
Impfung	70–140	40–90
Entwurmung	30–70	20–60
Parasitenschutz	40–90	30–80
jährlicher Check-up	50	15–30
im Krankheitsfall	50–4000	30–2500
Futterkosten pro Tag		
Kleiner Hund/Tag	ca. 1,5	ca. 1
Großer Hund/Tag	ca. 5–8	ca. 3–5

Die Preise sind Durchschnittswerte und sollen nur als grobe Übersicht dienen. Im Einzelfall können die Kosten erheblich von den hier aufgeführten Zahlen abweichen. Weitere Kosten z. B. aufgrund regionaler Gesetzgebung (z. B. Hundeführerschein, Sachkundenachweis NRW, Prüfung zur Befreiung im Falle einer vorgeschriebenen Leinen- oder Maulkorbpflicht u. a.) sind uneinheitlich und hier daher nicht aufgeführt. Schnell kommen aber Kosten in Höher einiger hundert CHF oder EUR zusammen. Dies sollte bei der Planung zur Hundehaltung einkalkuliert werden.

kennt der Hund schnell jeden Winkel und neue Gerüche kommen nur selten hinzu, sodass der Garten schnell langweilig wird und sich dann schnell Unsitten einbürgern (etwa das „Hobby“ Passanten am Gartenzaun zu verbellen).

Die Riechleistung eines Hundes übersteigt die des Menschen um ein Vielfaches. Zu schnuppern ist für Hunde wichtig, weil sie durch die Auswertung der Gerüche viele Informationen über ihre Umwelt sammeln können. Besonders interessant sind für Hunde Urinmarken oder Kot von Artgenossen, denn durch bestimmte Geruchsstoffe in den Ausscheidungen werden Informationen von Hund zu Hund weitergegeben. Uns Menschen mag dies, genau wie das Beriechen der Analregion oder der Geschlechtsorgane von Artgenossen bei Hundebegegnungen, manchmal etwas „unfein“ erscheinen – es handelt sich aber um ein hundetypisches Verhalten.

Geistige Beschäftigung ist für Hunde enorm wichtig und über ganz unterschiedliche Ansatzpunkte möglich. Hierzu zählen unter anderem Gehorsamkeitsschulungen, Sport-Übungen, Futter-Such-Spiele und Tricktraining (Lernen von Spaß-Übungen und Kunststücken). Das Sprichwort „Wer rastet, der rostet“ gilt gleichermaßen für Körper und Geist – bei Hunden ebenso wie bei Menschen!

Stressfreies Management (hier das Anleinen) muss geübt werden.

In der Hundehaltung kommt man meist nicht umhin, den Hund einmal für eine gewisse Zeit alleine zu lassen. Dies muss geübt werden, denn Alleinsein ist für ein Rudeltier kein angenehmer Zustand. Vorausschauendes Planen ist erforderlich, im Speziellen bei Berufstätigkeit (wenn der Hund nicht mitgenommen werden kann). Bedenken Sie, dass eine artgerechte Hundehaltung bei einer ganztägigen Berufstätigkeit sehr fragwürdig ist, denn es bleiben nur wenige Stunden des Tages, in denen der Hund die Möglichkeit für Sozialkontakte hat. Dasselbe gilt für die Zwingerhaltung. Die Unterbringung eines einzelnen Hundes in einer Zwingeranlage kann nicht als artgerecht bezeichnet werden. Gleiches gilt für die Haltung eines Hundes an einer Kette oder isoliert in einem Raum.

Achtung

Wenn man zwei oder mehrere Hunde hält, sind die Tiere zwar nicht alleine, aber es kommt auch doppelt so viel Erziehungsarbeit und auf den Spaziergängen doppelt so viel nötige Kontrolle auf einen zu. Auch sind die Kosten für die Haltung natürlich entsprechend höher.

Gesundheit und Pflege

Eine wichtige Pflegemaßnahme besteht darin, den Hund regelmäßig auf seine bestehende Gesundheit hin zu kontrollieren. Was haben Sie beobachtet? Verhält er sich anders, lahmt er, hat er Nasen- oder Augenausfluss oder leidet er unter Juckreiz oder Durchfall? Frisst er mit dem gewohnten Appetit? Werfen Sie neben diesen Dingen zur Kontrolle mindestens einmal wöchentlich einen Blick auf die Pfoten (auch die Zehenzwischenräume, denn hier können Pflanzenteile steckenbleiben), die Ohren (Entzündungen oder Überproduktion von Ohrenschmalz und starker Haarwuchs), das Maul (Zahnsteinbildung) und die Geschlechtsorgane (Ausfluss).

Bei der Fellpflege sollte man auf Auffälligkeiten wie Schwellungen oder Verletzungen der Haut, rote oder kahle Stellen, Schuppenbildung oder Parasitenbefall achten. Bei langhaarigen Hunden ist außerdem wichtig, dass sich keine Filzstellen bilden, denn darunter ist die Belüftung der Haut nicht mehr ausreichend gewährleistet und es bilden sich schnell übelriechende und gegebenenfalls auch entzündete Stellen. Sollten sich bereits sehr viele Verknotungen gebildet haben, hilft es, diese herauszuschneiden, denn ein Auskämmen kann eine schmerzhafte Prozedur sein. Bei langhaarigen Hunden sollte außerdem strikt darauf geachtet werden, dass keine Haare vor oder in die Augen hängen, weil dies zu ständigen Reizungen der Hornhaut und somit zu Entzündungen des Auges führt. Lösungsmöglichkeiten gibt es hierbei viele: Die Haare können geschnitten, getrimmt oder hochgebunden werden.

Hunde, die durch vor die Augen hängende Haare in ihrem Blickfeld beeinträchtigt sind, sind oftmals deutlich schreckhafter. Langfristig kann dies in ein Angst- oder Angstaggressionsproblem münden.

Hilfsmittel

Es gibt viele Hilfsmittel zur Hundeerziehung. In der folgenden Übersicht wird jeweils kurz auf einige Vor- oder Nachteile der Hilfsmittels eingegangen.

Leinen und Halsbänder:	
Leine	Preis und Qualitätsunterschiede, je nach Material. Wichtig: Je länger die Leine, desto schlechter die Kontrolle über den Hund. Je kürzer die Leine, desto stärker ist die Einschränkung für das Tier.
Halsband/Geschirr	Besserer Tragekomfort bei breiten, gepolsterten Modellen. Sonderform: Leucht- oder Blinkhalsbänder zur Sicherheit im Dunkeln.
Autogeschirr, Gitter, Transportbox fürs Auto	Auf Sicherheits-Prüfsiegel (technische Überwachung) achten!
Endloswürger/ Stachelhalsband	Aus tierschutzrechtlichen Gründen abzulehnen bzw. in der Schweiz bereits per Gesetz verboten.
Geschirre mit Zug-/ Druckwirkung unter den Achseln, Lendenleinen	Wirkung über Schmerzen, deshalb aus tierschutzrechtlichen Gründen abzulehnen.
Kopfhalfter (Halti, Gentle Leader, Canny Collar, Nextrix)	Bei fachgerechter Anwendung schmerzfreie und „hundelogische“ Führungshilfen zur besseren Kraftverteilung zugunsten des Menschen. Gewöhnung erforderlich.
Schlaf- und Futterplätze:	
Freier Schlafplatz	Es sollte ein Platz gewählt werden, an dem Familienanschluss gewährleistet ist, der Hund jedoch genug Ruhe findet. Strategisch wertvolle Schaltstellen sind gegebenenfalls zu vermeiden.
Hundebox	Muss dem Hund schrittweise vertraut gemacht werden. Kann sehr gut zum Lernen der Stubenreinheit oder des Alleinebleibens, für den Transport im Auto oder im Urlaub genutzt werden. Die Box sollte mit einer bequemen Einlage und Beschäftigungsspielzeug versehen sein, gegebenenfalls muss auch Wasser angeboten werden.
Futternäpfe	Ein Napf mit Wasser sollte dem Hund ständig zugänglich sein. Die Mahlzeit muss nicht zwingend in einem Napf verabreicht werden. „Arbeitsleistung“ und Beschäftigung (z. B. über den Einsatz von befüllbaren Spielbällen o. Ä.) ist sinnvoll und kann z. B. zum Training des Alleinseins genutzt werden. Futter kann darüber hinaus sehr gut als Belohnung eingesetzt werden.

Sekundäre Verstärker und Signalgeber:	
Clicker	Sehr gut als positiver sekundärer Verstärker einsetzbar, muss zunächst über Futter oder Spiel konditioniert werden.
Trainings-Discs	Müssen ebenfalls zunächst konditioniert werden, dienen dann als negativer Verstärker. Nur im Rahmen eines speziellen Verbotstrainings sinnvoll einzusetzen. Achtung: Angstverknüpfungen und gegebenenfalls daraus resultierende Umweltunsicherheiten können auftreten.
Pfeifen	Können als Rückrufsignal aufgebaut werden; spiegeln keine Emotionen wider, diverse Materialien und Töne, sauberer, d. h. fehlerfreier Trainingsaufbau ist bei schrittweisem Vorgehen leicht möglich.
Spielzeug:	
Ball	Auf Sicherheitsaspekte achten – der Ball oder Teile davon dürfen nicht verschluckt werden können (Kordel am Ball), auf hundetaugliches Material achten. Befüllbare Modelle besonders gut zur Beschäftigung einsetzbar.
Ziehtau	Sehr beliebt, besonders im Zahnwechsel.
Quietschtiere	Gehen leicht kaputt, sollten aus Latex sein, nicht sinnvoll bei individueller Steigerung der Erregungslage des Hundes.
Vollgummifiguren, Dummies, Hanteln	Für Apport-Übungen und -spiele. Je nach Modell auch im Wasser geeignet.
Stöcke	Fast immer greifbar, aber können zu Zahnschäden führen, Achtung: Verletzungsgefahr im Maul- und Rachenbereich!
ausrangierte Textilen	Können als Spielzeug zum Ziehen, Schütteln und Apportieren umgewandelt werden.
Kartons	Zum Kaputtbeißen und Spielen. Mit Futterstückchen gefüllt auch als einfaches Futterspielzeug einsetzbar.
Steine	Überhaupt nicht geeignet! Zerstören den Zahnschmelz und können verschluckt werden.
Futterspielzeuge in verschiedenen Ausführungen	Gut geeignet für das Alleinebleiben-Training und zur Beschäftigung im Alltag (vgl. Ball, Kartons).

Weil Hunde uns nicht mitteilen können, wenn sie sich einmal nicht so wohl fühlen, ist es wichtig, jede Veränderung zu bemerken. Bedenken Sie, dass Hunde genau wie wir Menschen auch Probleme mit dem Herzen, dem Rücken oder anderen Gelenken, der Schilddrüse, dem Verdauungsapparat oder anderen Organsystemen haben können.

Schalten Sie frühzeitig Ihren Tierarzt ein, denn es ist immer leichter, eine Krankheit im Anfangsstadium zu behandeln.

Gesundheitsvorsorge

Wenn einmal Sorge besteht, ob der Hund krank ist, weil er sich anders verhält als sonst, sollte man zunächst einmal Fieber messen. Liegt Fieber vor, ist der Krankheitsverdacht bestätigt. Falls kein Fieber vorliegt, der Hund sich aber weiterhin seltsam verhält, sollte er weiter beobachtet und im Zweifelsfall umgehend dem Tierarzt vorgestellt werden, denn nicht jede Erkrankung geht mit Fieber einher.

Die Körpertemperatur bei einem erwachsenen Hund im After gemessen:

- normal: 38 bis 38,8 °C
- erhöhte Temperatur: bis 39,3 °C
- Fieber: über 39,3 °C

Zum Fiebermessen muss nur die Metallspitze des Thermometers in den After eingeführt und für eine gewisse Zeit dort gehalten werden. Man kann etwas Fett auf die Spitze des Thermometers auftragen, damit es beim Einführen besser gleitet und das Fiebermessen für den Hund nicht so unangenehm ist.

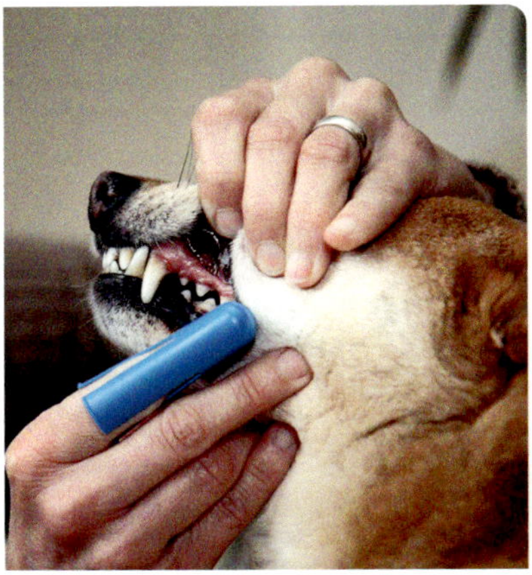

Zähneputzen beugt Zahnstein vor.

Zur gesundheitlichen Vorsorge des Hundes gehört auch, ihn regelmäßig (mindestens einmal im Jahr beim Impfkontrolltermin) vom Tierarzt untersuchen zu lassen.

Wenn man einen Hund übernimmt, sollte man ihn sobald wie möglich beim Tierarzt vorstellen. Auf diese Weise bekommt der Hund eine Grunduntersuchung und der Tierarzt kann anhand des Impfpasses prüfen, wann die nächste Impfung ansteht und ob der Hund einen Mikrochip trägt. Falls die Herkunft (und somit das letzte Entwurmungsdatum) unbekannt ist,

Merke

Welpen, Hunde kleiner Rassen und Hunde, die vor dem Fiebermessen getobt haben, trächtige Hündinnen oder sehr aufgeregte Kandidaten haben immer eine etwas höhere Temperatur.

kann der Tierarzt gleich die nötigen Schritte einleiten. Es ist später viel wert, wenn sich Tierarzt und Hund früh kennengelernt haben. Hunde, die Tierarztpraxis und -arzt in einer entspannten Art und Weise kennenlernen, benehmen sich bei den Behandlungen besser. Das vereinfacht jegliche Untersuchung im späteren Leben des Hundes. Auch für den Tierarzt ist es hilfreich, wenn er den Hund gegebenenfalls schon gesund kennengelernt hat. Er kann so den Schweregrad von Erkrankungen besser einschätzen.

Den Hund mit einem ISO-Mikrochip kennzeichnen zu lassen, ist per Gesetz Pflicht.

In der Schweiz gilt dies seit 2007, in Österreich seit 2010. In Deutschland ist die Kennzeichnung mit einem Mikrochip ab 2011 Pflicht und an die Ausstellung des EU-Heimtierpasses gebunden. Nur in einigen Bundesländern und für einige Rassen besteht darüber hinaus bereits eine generelle Kennzeichnungspflicht.)

Ein Mikrochip ermöglicht eine sichere Identifizierung des Tieres im In- und Ausland. Er wird mit einer speziellen Spritze an die linke Halsseite des Hundes unter die Haut gesetzt.

Im Rahmen der Gesundheitsvorsorge empfiehlt es sich, den Hund prophylaktisch gegen Staupe, Hepatitis canis, Parvovirose, Leptospirose und Tollwut impfen zu lassen. Impfungen gegen Zwingerhusten und Borreliose und einige weitere Erkrankungen sind möglich und können in Gebieten erhöhten Infektionsdruckes nach Rat des Tierarztes ebenfalls vorgenommen werden.

Wenn Reisen mit dem Hund unternommen werden, sollte mit dem

Übungen für fortgeschrittenen Teams.

Tierarzt frühzeitig geklärt werden, welche Einreisebestimmungen zu erfüllen sind, denn je nach Land sind Vorbereitungen von einem halben Jahr einzuhalten. Auch Prophylaxemaßnahmen in Bezug auf „Reisekrankheiten“ (etwa Leishmaniose, Babesiose, Dirofilariose) sollten rechtzeitig besprochen und getroffen werden. Erkundigen Sie sich bei Ihrem Tierarzt speziell nach der Pflicht, den Hund gegen Tollwut impfen zu lassen. Je nach Land bestehen auch Unterschiede in der Auffrischungspflicht.

Je nach Infektionsdruck und in Absprache mit dem Tierarzt sollte der Hund zwei- bis viermal jährlich entwurmt werden. Ihr Tierarzt berät Sie auch bei der Frage, wie ein Befall mit Flöhen, Zecken, Milben und anderen Parasiten abgewehrt oder behandelt werden kann.

Es ist nicht erforderlich, Hunde zur Gesunderhaltung regelmäßig zu baden. Tatsächlich ist es für die Haut in aller Regel sogar gesünder, wenn dies eine Ausnahme bleibt. Benutzen Sie in diesem Fall ein Spezialshampoo, welches Sie beim Tierarzt bekommen, denn mit Shampoos, die von Menschen benutzt werden, können das Fell und die Haut eines Hundes nicht optimal gepflegt werden.

Häufige Krankheiten

Schnittverletzungen an den Pfoten ziehen sich Hunde relativ häufig zu. Die Verletzungen sollten in jedem Fall behandelt, größere Wunden unter Umständen sogar chirurgisch vom Tierarzt versorgt werden. Auch Krallenprobleme sind bei Hunden keine Seltenheit.

Weitere Erkrankungen, die fast jeder Hund einmal hat, sind Erbrechen und Durchfall. Bedenken Sie, dass dabei gar nicht diese Symptome selbst die eigentliche Gefährdung für den Hund darstellen, sondern der unnatürlich große Flüssigkeitsverlust. Achten Sie strikt darauf, dass Ihr Hund, wenn er erbricht oder Durchfall hat, genügend Flüssigkeit aufnimmt. Bieten Sie ihm häufig Wasser an, aber lassen Sie ihn immer nur kleine Mengen trinken. Wenn Ihr Hund das Wasser ablehnt oder aufnimmt und bald wieder von sich gibt, muss er dem Tierarzt vorgestellt werden.

Eine lebensbedrohliche akute Notfallsituation ist die sogenannte Magendrehung. Dabei schnüren sich (durch Bewegungen hervorgerufen) Mageneín- und -ausgang und bestimmte Blutgefäße zu. Der Hund muss sofort operiert werden! Große Rassen mit tiefem Brustkorb sind gefährdeter, eine Magendrehung zu erleiden. Lassen Sie den Hund daher nicht zu große Futtermengen auf einmal aufnehmen und achten Sie darauf, dass er nach dem Fressen nicht tobt.

Sollte Ihr Hund beginnen, aus dem Maul zu riechen oder häufig ungeformten und besonders übelriechenden Kot abzusetzen, kann es sein, dass ihm das Futter nicht optimal bekommt. Wenden Sie sich in diesen

Bei einer heftigen Durchfallerkrankung oder Brechdurchfall kann ein Hund innerhalb von ein bis zwei Tagen austrocknen und an diesem Flüssigkeitsverlust sterben.

Es ist allemal besser, einmal zu oft den Tierarzt um Rat zu fragen, als einmal zu wenig oder zu spät!

Fällen an Ihren Tierarzt. Bei schlechtem Atem ist mitunter auch Zahnstein die Ursache, den der Tierarzt entfernen kann.

Auch wenn Sie feststellen, dass Ihr Hund sich mehr kratzt als früher, träge, launisch, aggressiv oder ängstlicher geworden ist, ist Ihr Tierarzt der richtige Ansprechpartner, denn für solche Verhaltensveränderungen gibt es immer eine Ursache. Diese herauszufinden, ist Sache des Tierarztes.

Ernährung

Die Futtermenge, die Ihr Hund bekommt, sollte seinen Bedürfnissen entsprechen. Ein gesunder erwachsener Vierbeiner sollte weder zu- noch abnehmen. Achten Sie stets auf das Gewicht Ihres Hundes. Ideal ist es, das Tier schlank und agil zu halten, denn viele Hunde neigen dazu, mehr zu fressen, als ihnen gut tut.

Die Ernährung mit Fertigfutter ist praktisch und in den meisten Fällen auch in der Zusammensetzung ausgewogen. Mittlerweile gibt es für die verschiedenen Bedürfnisse spezielle Futtermittel (z. B. Welpen-, Junghund-, Senior-, Diät-, Leistungs- oder Allergikerfutter).

Wer selber für seinen Hund kochen oder ihn roh ernähren will, sollte die Ration regelmäßig tierärztlich kontrollieren lassen, damit er im Rahmen der Entwicklung und den damit einhergehenden Veränderungen der Nahrungsbedürfnisse stets optimal versorgt

Auch Belohnungshäppchen sollten in die Tagesration eingerechnet werden.

wird und eine Mangelernährung ausgeschlossen ist.

Wasser muss dem Hund immer leicht zugänglich sein und in ausreichender Menge zur Verfügung stehen. Das ist besonders wichtig, weil Hunde über das Hecheln viel Flüssigkeit verdunsten. Anders als wir Menschen regulieren sie auf diese Weise ihre Körpertemperatur, denn sie haben keine über den ganzen Körper verteilten Schweißdrüsen.

Weil Hunde nicht darauf angewiesen sind, pünktlich und zu bestimmten Tageszeiten zu fressen, kann man auch Futter als Belohnung für gute Leistung verteilen. So lässt sich der Hund sogar noch besser in den Tagesablauf integrieren, weil man ihn immer wieder Übungen machen lässt, die ihm Beschäftigung und Abwechslung bieten.

Einige Daten zur Sexualität

Hündinnen werden normalerweise zweimal im Jahr läufig. Die Läufigkeit (Hitze) dauert im Durchschnitt drei

Wochen. Anzeichen der Läufigkeit sind, dass die Scheide anschwillt und die Hündin ein zunächst blutiges, später klares Sekret aus der Scheide absondert. Dieses Sekret enthält Duftstoffe, die Rüden anlocken. Zu Beginn der Läufigkeit lässt sich die Hündin aber noch nicht decken, sondern beißt die Rüden weg. Erst um den 11. bis 13. Tag herum beginnt die fruchtbare Zeit. Bei einzelnen Hündinnen kann diese Phase aber auch schon früher beginnen oder sich länger als drei Tage hinziehen. Man spricht davon, dass die Hündin während dieser Zeit „steht". In der so genannten Standhitze duldet die Hündin die Nähe der Rüden und animiert diese in teils recht eindeutiger Art und Weise zum Paarungsakt.

Der Deckakt bei Hunden dauert zwischen fünf und über dreißig Minuten. Während dieser Zeit sind Rüde und Hündin nicht voneinander zu trennen.

Während des Deckaktes steigt der Rüde zwar nach einiger Zeit von der Hündin ab, dennoch sind beide über den Penis miteinander verbunden – sie „hängen". Erst wenn der Schwellkörper des Rüden abgeschwollen ist, trennen sich die Tiere wieder. Auch für den Fall einer ungewollten Bedeckung bleibt einem in dieser Situation nichts als abzuwarten und sofort danach in Ruhe mit dem Tierarzt zu beraten, ob die Hündin Welpen bekommen oder ob durch Hormonspritzen eine Abtreibung eingeleitet werden soll.

Trennungsversuche von Hündin und Rüden während des Deckaktes führen zu schweren Verletzungen der Tiere!

Geschlechtsreife

Rüden sind nach dem Eintritt der Geschlechtsreife ganzjährig zeugungsfähig. Die Geschlechtsreife bei Rüden setzt bei kleinen Rassen mitunter schon mit fünf Monaten ein. Ein leicht erkennbares Anzeichen der erreichten Geschlechtsreife ist bei Rüden das Beinheben (aber Achtung: die Zeugungsfähigkeit besteht gegebenenfalls sogar schon davor!).

Hündinnen sind ab der ersten Läufigkeit geschlechtsreif. Erstmals läufig werden sie meist zwischen dem 7. und 11. Lebensmonat. Auch in dieser ersten Läufigkeit kann eine Hündin schon erfolgreich gedeckt werden, jedoch ist davon abzuraten, sie bereits zur Zucht einzusetzen, da sie noch nicht voll ausgewachsen ist.

Welpen unerwünscht

Wenn man nicht möchte, dass die Hündin Welpen bekommt, muss man in der Zeit, in der die Hündin „steht", gut aufpassen, denn Rüden und Hündinnen wenden nicht selten raffinierte Tricks an, um zueinander zu kommen. Hierbei legen sie mitunter auch größere Distanzen zurück.

Man kann sowohl Hündinnen als auch Rüden kastrieren, um sie zeugungsunfähig zu machen. Man entfernt dazu die Keimdrüsen (bei Rüden die Hoden, bei Hündinnen die Eierstöcke und eventuell zusätzlich die Gebärmutter). Lassen Sie sich von ihrem Tierarzt beraten.

Bei Hündinnen kann man die Läufigkeit auch mit Hormongaben

unterdrücken, allerdings hat dies eine Reihe von teilweise gravierenden Nebenwirkungen. Auch bei Rüden ist eine Beeinflussung des Sexualverhaltens mit Hormonen möglich. Die zu erwartenden Nebenwirkungen sind beim Rüden leichter einschätzbar und weniger schwerwiegend. Ihr Tierarzt ist hierfür der richtige Ansprechpartner, der Ihnen die jeweiligen Vor- und Nachteile genauestens erläutern kann.

Anatomie

Das Knochengerüst des Hundes: 1 – Nasenbein; 2 – Oberkieferbein; 3 – Stirnbein; 4 – Scheitelbein; 5 – Hinterhauptsbein; 6 – Unterkiefer; 7 – Atlas, erster Halswirbel; 8 – Axis, zweiter Halswirbel; 9 – Halswirbel; 10 – Schulterblatt; 11 – Brustwirbel; 12 – Lendenwirbel; 13 – Darmbein; 14 – Kreuzbein; 15 – Sitzbeinhöcker; 16 – Schwanzwirbel; 17 – Kniegelenk; 18 – Fersenbein; 19 – Sprunggelenk; 20 – Mittelfußknochen; 21 – Zehenknochen; 22 – Kralle, 23 – Wadenbein; 24 – Schienbein; 25 – Kniescheibe; 26 – Oberschenkelbein; 27 – Schambein; 28 – Rippe; 29 – Ellenbogenhöcker; 30 – Elle; 31 – Erbsenbein; 32 – Vordermittelfußknochen; 33 – Kralle; 34 – Zehenknochen; 5 – Vorderfußwurzelgelenk; 36 – Speiche; 37 – Oberarmbeinkopf; 38 – Oberarmbein; 39 – Schulterblattgräte.

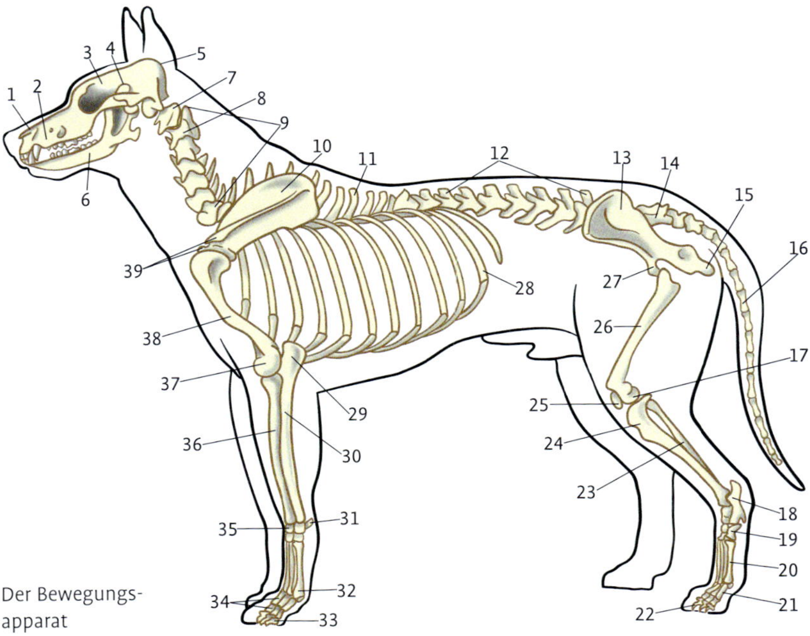

Der Bewegungsapparat

Verhaltenscodex

Wer einen Hund hält, ist für dieses Tier verantwortlich. Zum einen hat er sich um das Wohlbefinden des Tieres zu kümmern. Zum anderen ist der Hundehalter auch dafür verantwortlich, was sein Hund tut – und zwar sowohl im privaten als auch im öffentlichen Bereich.

Achten Sie in der Hundehaltung strikt darauf, dass Ihr Hund keine Schäden verursacht. Berücksichtigen Sie hierbei, dass andere Menschen mit Ihrem Hund nicht vertraut sind und sich vielleicht unbehaglich fühlen, wenn er sich ihnen nähert. Halten Sie Ihren Hund daher bei Begegnungen mit Menschen stets unter Kontrolle und lassen Sie nur Kontakte zu, wenn Sie sicher sind, dass dieser erwünscht und Ihr Hund verträglich und ausreichend gut erzogen ist. Ähnliches gilt auch für Begegnungen mit Artgenossen: Klären Sie mit dem anderen Hundehalter im Vorfeld, ob die Tiere kontrolliert aneinander vorbeigeführt werden sollen oder ob sie sozial aufgeschlossen und freundlich sind und sich kennenlernen dürfen. Beachten Sie in diesem Fall die Umstände der Situation. Spielkontakte an der Leine sind aus „Verstrickungsgründen" – genau wie Freilauf an der Straße aufgrund möglicher Gefahrensituationen – sehr riskant. In einem Freilaufgebiet hingegen können mitunter tolle Hundefreundschaften geschlossen und dann ausgiebige Tobereien veranstaltet werden.

An folgenden Stellen sollten Sie Ihren Vierbeiner immer an der Leine führen – nicht zuletzt auch zu seiner eigenen Sicherheit:

- auf Sportplätzen,
- in der Nähe von und in Kindergärten,
- in der Nähe von und auf Schulgeländen,
- beim Passieren von Kinderspielplätzen,
- in öffentlichen Gebäuden,
- in Restaurants,
- in Einkaufszentren,
- beim Passieren von Bauernhöfen oder Reitbetrieben,
- an befahrenen Straßen,
- auf Bahnhöfen,
- in Stadtgebieten und in Wohnquartieren,
- im Naturschutz- und Erholungsgebiet.

Achten Sie beim Führen des Hundes darauf, dass Sie als Halter die Pflicht haben, seine Hinterlassenschafen umgehend aufzunehmen – auch im Wald, auf Wiesen oder Feldern.

Haben Sie außerdem stets ein wachsames Auge darauf, dass Ihr Hund freilaufend nicht den Weg verlässt. Dies gilt speziell für Hunde mit hoher Jagdpassion. Aber auch beim bloßen Toben abseits des Weges können Schäden an den Ackerfrüchten entstehen und Wildtiere durch die Stressbelastung nachhaltig geschädigt werden.

Erziehung

Wenn Hunde in Kontakt mit Menschen leben, ist es erforderlich, erzieherisch auf sie Einfluss zu nehmen. Der Erziehungsschwerpunkt liegt je nach Haltungsform des Hundes auf mitunter sehr unterschiedlichen Dingen. Im Familienhundebereich und allgemein in der privaten Haltung eines Hundes empfiehlt es sich, die Erziehungsbemühungen zunächst auf den Grundgehorsam und auf die Gefahrenprophylaxe zu richten. Hunde, die die Regeln und Übungen beherrschen, die sich aus diesen beiden Bereichen ergeben, sind rundweg unkomplizierte Zeitgenossen und fallen nirgendwo negativ auf. Das ist für den Halter sehr angenehm – und auch für den Hund, denn einem wohlerzogenen Vierbeiner können im Alltag viel mehr Freiheiten eingeräumt werden.

Folgendes sollte mit jedem Hund als Basis erarbeitet werden:

Konzentration auf den Halter, Leinenführigkeit, ein Lobwort, ein Abbruchsignal (Korrektursignal), ein Rückrufsignal, die Übungen SITZ (sitzen) und PLATZ (liegen), Dinge umgehend abzugeben (AUS), zu warten (BLEIB), niemanden anzuspringen, niemanden zu bedrängen.

Ab Seite 62 finden Sie Vorschläge für den Übungsaufbau und ab Seite 82 Teil einen fünfwöchigen Übungsplan, um die angestrebten Lerninhalte nach und nach zu festigen.

Lernverhalten

Lernen ist eine Anpassungsreaktion an die Umweltbedingungen. Wenn man möchte, dass der Hund die angestrebten Trainingsinhalte möglichst schnell lernt und sie später freudig und zuverlässig zeigt, ist es sinnvoll, einen strukturierten und auf einem Belohnungs- bzw. Erfolgsprinzip aufgebauten Trainingsplan zu erstellen. Das Schöne ist, dass Hunde ausgesprochen positiv darauf reagieren und in den meisten Fällen wirklich begeisterte Schüler sind. Allein die Tatsache, dass sie im Training Aufmerksamkeit von ihrem Besitzer bekommen, wenn gemeinsam Lerninhalte erarbeitet werden, wirkt der alltäglichen Langeweile entgegen, die ihnen als Jagdraubtier leicht entsteht, wenn mit ihnen nicht „gearbeitet" wird.

Das Lernverhalten von Hunden und Menschen unterscheidet sich im Großen und Ganzen nur unwesentlich voneinander. Hunde verfügen weitgehend über dieselben Körperstrukturen wie Menschen und folgen demnach denselben biologischen Gesetzmäßigkeiten, was das Abspeichern oder Abrufen von Lerninformationen anbetrifft. Sie lernen schnell, was sich lohnt und was nicht. Und sie wollen

Übungen, wie das Gehen an lockerer Leine sind überall umzusetzen.

möglichst mit einem hohen persönlichen Erfolg durchs Leben gehen (Ressourcen gewinnen und Schäden vermeiden). Im Gegensatz zu einem menschlichen Schüler kann ein Hund allerdings nichts mit wortreichen Erklärungen anfangen. Er lernt aus den sich ihm darstellenden Konsequenzen einer Handlung oder Situation. Hierbei ist zu berücksichtigen, dass Lernen in jedem wachen Moment des Lebens stattfindet und nicht nur in den Trainingsmomenten! Achten Sie also auch auf das, was sich im Alltag für Ihren Vierbeiner als Erfolg darstellt, denn Hunde beobachten auch Ihre Reaktionen genau und stellen ihr Handeln darauf ein.

Die Grundstellung (siehe Seite 75) kann an beiden Seiten geübt werden.

Formen des Lernens

Heutzutage weiß man so viel über die biologischen Abläufe im Lernprozess, dass das Lernen nicht nach dem Motto „Das macht man halt so" ablaufen muss, geschweige denn sollte. Lassen Sie sich von einem erfahrenen Hundetrainer, der sein Wissen über Fortbildungen stets auf dem neuesten Stand hält, anleiten, um einen modernen Weg zu gehen. Wenn in der Ausbildung der lerntheoretische Hintergrund berücksichtigt und die biologischen Gesetze eingehalten werden, ist die Erziehung eines Hundes einfach, effizient und frei von körperlichem Druck, Zwang oder schmerzhaften Maßnahmen. Im Folgenden finden Sie eine Übersicht über die wichtigsten Lernformen.

Habituation und Sensitivierung

Habituation und Sensitivierung sind untereinander wie Gegenspieler zu betrachten. An Reize, die für das persönliche Wohlbefinden ohne Konsequenzen bleiben, gewöhnt sich der Organismus und schenkt ihnen keine weitere Beachtung. Dies bezeichnet man als Habituation (Gewöhnung). Ein Beispiel wäre die Gewöhnung an Verkehrsgeräusche. Wenn der Hund täglich mit ihnen konfrontiert wird und weder eine auffällig positive Konsequenz noch etwas Negatives mit ihnen in Verbindung bringt, reagiert er bald nicht mehr auf sie. Anders ist es,

So sieht der Aufbau des Abbruchrituals aus. Der Hund erhält hier seine Belohnung.

wenn eine Sensitivierung stattfindet. Das ist immer dann sehr wahrscheinlich, wenn der Hund einen neuen Reiz im Rahmen einer Stresssituation kennenlernt. In diesem Fall schenkt der Hund dem neuen Reiz viel Aufmerksamkeit, denn er ist (wegen eines anderen Stresserlebnisses) schon in Alarmbereitschaft. Findet der Hund diesen Reiz nun nicht in seiner Geborgenheitsgarnitur, wird die Wahrscheinlichkeit wiederum größer, dass eine Sensitivierung stattfindet, denn ein Entspannen ist kaum noch möglich. Im Gegenteil: Der Reiz wird negativ verknüpft und ist in Zukunft geeignet, ohne vorherige Stressaktivierung eigenständig Angst oder Stress auszulösen. Das könnte also eine Reaktion auf Verkehrsgeräusche sein, wenn ein Tier, das in ruhiger, ländlicher Umgebung aufgewachsen ist, erstmalig an einer befahrenen Straße ausgeführt wird und gegebenenfalls vorher schon aufgrund eines anderen negativ verknüpften Ereignisses (bei einem Welpen z. B. das erstmalige Anziehen von Leine und Halsband) unter Stress stand.

Im Zusammenleben mit dem Hund ist dafür Sorge zu tragen, dass neue Situationen möglichst so präsentiert werden, dass eine hohe Wahrscheinlichkeit zur Gewöhnung besteht, um Problemen im Rahmen einer Sensitivierung vorzubeugen.

Instrumentelle Konditionierung

Ein in der Hundausbildung häufig genutzter Trainingsweg basiert auf dem Einsatz von Lob und Strafe als sogenannte Verstärker. Über die Art des Verstärkers wird entschieden, ob der Hund seine Handlung als persönlichen Erfolg oder Misserfolg abspeichern und dementsprechend in Zukunft häufiger oder seltener zeigen wird. Die eingesetzten Verstärker wirken als Motive der Handlung.

Es gibt vier verschiedene Verstärker:

1. Das Hinzufügen von etwas Gutem.
   Beispiel: Der Hund erhält ein Leckerchen.
   Erzeugtes Gefühl: Freude
   (siehe S. 62 Lobwort).
2. Das Wegnehmen von etwas Unangenehmem.
   Beispiel: Man vermindert den Zug auf das Halsband.
   Erzeugtes Gefühl: Erleichterung.
3. Das Hinzufügen von etwas Unangenehmem.
   Beispiel: Ein kräftiger Ruck an der Leine.
   Erzeugtes Gefühl: Angst oder Schmerz.
4. Das Wegnehmen von etwas Gutem.
   Beispiel: Entzug von Aufmerksamkeit.
   Erzeugtes Gefühl: Frustration
   (siehe S. 71 Abbruchsignal).

Das Training ist so zu konzipieren, dass die Verstärker 1 und 4 am meisten zum Einsatz kommen, denn dies ist der für den Hund (und meist auch für den Halter) angenehmste und auch einfachste Weg. Der Hund lernt frei von Angst, was sich für ihn lohnt und was nicht.

In Übungen gilt es hierbei Folgendes zu berücksichtigen: Der Verstärker 1 (etwas Gutes wird hinzugefügt) löst bei ausreichend guter Qualität das Gefühl von großer Freude aus. Dies ist sehr wertvoll, wenn es auf die Dinge bezogen wird, die der Hund tun soll. Hier ein Beispiel: Der Hund spielt gerne mit Artgenossen. Wenn der Besitzer ruft, während der Hund mit einem Hundefreund spielt, steht die „Pflicht“ (Kommen) in Konkurrenz zum Spaß (Weiterspielen). Wenn im Trainingsaufbau des Rückrufsignals stets mit einer aus Hundesicht hochwertigen Belohnung gearbeitet wurde, hat man „gute Karten“, denn die Pflicht erscheint dem Hund dann lohnenswerter als das Spiel!

Manchmal geht es aber nicht darum etwas zu tun, sondern etwas zu unterlassen. Hier kann der Verstärker 4 (etwas Angenehmes wird entzogen) eingesetzt werden. Das Gefühl, das hierbei ausgelöst wird, ist Frustration. Der Entzug von etwas Angenehmem kann über ein striktes Ignorieren der Handlung (Entzug von Aufmerksamkeit) oder durch den realen Entzug eines Objektes der Begierde umgesetzt werden. Dies führt zu einer sofortigen Anpassung des Verhaltens, denn Hunde erleben nicht gerne Frustration. Günstig ist, wenn die Situation so aufgebaut ist, dass weitere Fehlerquellen eingeschränkt werden und der Hund schnell und selbstständig eine bessere Idee entwickeln kann. Sobald er eine „gute“ Handlung zeigt, kann und sollte er auch wieder belohnt werden (Verstärker 1). Auch hierzu ein Beispiel: Der Hund springt den Besitzer an, wenn dieser nach Hause kommt. Dieser wendet sich kommentarlos ab und steht ohne den Hund anzuschauen wie eine Salzsäule da (oder verlässt sofort wieder die Wohnung, wenn der Hund zu groß und kräftig bzw. zu lästig ist). Das ist der Moment des Misserfolgs für den Hund. Sobald er sein Verhalten anpasst und ruhig steht (oder noch besser: sitzt), kann er wieder Zuwendung bekommen. Er lernt so: Anspringen lohnt sich nicht, ruhiges Verhalten hingegen führt zu Erfolg.

Der erfolgreiche Einsatz der Technik „Ignorieren“ ist auf Verhaltensweisen beschränkt, die nicht selbstbelohnend sind! Bei selbstbelohnenden Handlungen (z. B. dem Jagen) ist schon die Handlung selbst ein Verstärker, weil sich der Hund hierbei „pudelwohl“ fühlt. Um zu lernen, wie viel Freude das Jagen bereitet, muss der Hund also keinesfalls Beute schlagen. Schon ein mitunter wenig jagdintensiv anmutendes Verfolgen einer Spur kann ein massiver Handlungsverstärker sein.

Hinweis

Beim Lernen mittels instrumenteller Konditionierung setzt der Hund bewusst und absichtlich Handlungen für seinen persönlichen Erfolg ein.

Klassische Konditionierung

Neben der eben beschriebenen Lernform instrumentelle Konditionierung, in der es darum geht, eine Verhaltensweise in Bezug zu der erzielten Wirkung zu setzen, kann der Hund auch sehr gut über reflexartiges Verknüpfen zweier Ereignisse lernen: klassische Konditionierung.

Die Voraussetzung hierfür ist, dass das zu lernende Ereignis (neuer Reiz) in enger zeitlicher Nähe (optimalerweise 0,5 Sekunden) vor einem reflexauslösenden Reiz präsentiert wird. Auf diese Weise wird der zu erlernende Reiz zum Auslöser für das reflexartig gesteuerte Verhalten.

Das bekannteste Beispiel einer klassischen Konditionierung sind Pawlows speichelnden Hunde: Im Lernvorgang ertönte für eine Zeit lang immer kurz vor der eigentlichen Präsentation des Futters ein spezielles Geräusch. Nach mehreren derartigen Verknüpfungsdurchgängen fingen die Hunde schließlich schon auf das Tonsignal hin an zu speicheln, ohne dass ihnen das Futter präsentiert wurde. In diesem Fall ist die Reflexhandlung (Speichelfluss) an ein Tonsignal als Auslöser gekoppelt.

Klassische Konditionierung

Konzentriertes Führen mit Hilfestellung in einer Ablenkungssituation.

Hier ein Beispiel aus dem Bereich der Problemprophylaxe:

Wenn der Hund immer, wenn jemand mit einem Fahrrad vorbeifährt, von seinem Halter ein besonders leckeres Futterstückchen zugesteckt bekommt, kann er die beiden Ereignisse Fahrrad und Futter miteinander in Verbindung setzen. Das Fahrrad kündigt ihm an, dass er bei seinem Besitzer ein

Futterstück erhalten wird. Dies hat zur Folge, dass er sich bald über Fahrräder freut und sich beim Erblicken eines Rades in freudiger Erwartung eines Häppchens seinem Besitzer zuwendet.

Hinweis

Auch Emotionen sind reflexartig (also nicht über das Nachdenken gesteuert), sodass das Lernen über diesen Weg immer dann besonderen Wert hat, wenn man einen hohen emotionalen Lerneffekt erzielen möchte oder wenn man möchte, dass der Hund mit einem bestimmten Reiz zukünftig eine andere Emotion verknüpft.

Timing und emotionaler Bezug

Bei beiden oben vorgestellten Trainingswegen (klassische und instrumentelle Konditionierung) ist darauf zu achten, dass ein gutes Timing eingehalten und ein möglichst hoher positiver emotionaler Bezug im Hinblick auf die zu erlernende Handlung oder den zu verknüpfenden Reiz hergestellt wird.

Über Folgendes können bei Hunden positive Emotionen hervorgerufen werden:

- Futter (schmackhafte Häppchen oder Teile seiner Mahlzeit),
- Spielzeug bzw. ein gemeinsames Spiel mit dem Besitzer (Achtung: Führt eventuell zu einer Steigerung

der Erregungslage, was im Alltag nicht immer vorteilhaft ist!),

– Aufmerksamkeit durch den Besitzer. (Achtung: Obwohl Aufmerksamkeit und Beachtung durch den Besitzer vom Hund als etwas Positives wahrgenommen werden, werden Körperberührungen in einer „Arbeitssituation“ oder als Belohnung vom Hund in aller Regel abgelehnt!)

Für das Timing gilt folgende Faustregel: Verknüpfungen können nur zwischen zwei Ereignissen hergestellt werden, die maximal eine Sekunde auseinander liegen.

Beim Einsatz einer Strafe ist darauf zu achten, dass der Hund sie „verstehen“ kann. Weiterhin muss sie in Art und Intensität zur Situation und zum Vierbeiner passen und natürlich muss auch hier die oben genannte Timing-Regel eingehalten werden, um einen Lernerfolg herzustellen.

Beim Einsatz von Strafe ist generell zu bedenken, dass Fehlverknüpfungen zu Angst und gegebenenfalls aggressivem Verhalten führen können. Außerdem lernt der Hund beim Einsatz einer Strafe nicht, was er tun soll. Er lernt bestenfalls, was er nicht tun soll. Dies macht ihn allerdings in Alltagssituationen nicht „schlauer“ oder leichter lenkbar!

Für die Beurteilung des Hundes ist im Fall eines Problemverhaltens eine genaue Analyse erforderlich. Diese umfasst ein detailliertes Gespräch mit dem Tierhalter, in dem der Therapeut alle bekannten Daten über das Tier, die Lebensumstände, die Vorgeschichte und die Entwicklung des Problems erhält, eine genaue Beurteilung des Hundeverhaltens allgemein (oder gegebenenfalls in der Problemsituation) und eine gründliche klinische Untersuchung.

Problemverhalten

Als „Problemverhalten“ werden gemeinhin alle Verhaltensweisen eines Hundes bezeichnet, die aus menschlicher Sicht problematisch erscheinen. Es handelt sich dabei jedoch auch um Verhaltensweisen, die zum Normalverhalten eines Hundes zählen. Vom Problemverhalten abzugrenzen sind echte Verhaltensstörungen, welche krankhafter Natur sind.

Wenn Sie das Verhalten Ihres Hundes in den folgenden Beschreibungen wiederfinden, sollten Sie sich Hilfe von einem Spezialisten holen. Wenn es sich um Erziehungsprobleme handelt (der Hund ist ungehorsam oder beherrscht die Grundkommandos nicht, zeigt aber sonst keine Verhaltensauffälligkeiten), ist ein moderner, gut ausgebildeter, freundlicher und kompetenter Hundetrainer der richtige Ansprechpartner. Wenn es hingegen um die Korrektur eines Problemverhaltens geht, ist ein Tierarzt der richtige Ansprechpartner. In diesem Fall ist nämlich vor dem Trainings- bzw. Therapiestart eine medizinische Abklärung (und bei Bedarf eine entsprechende Therapie) erforderlich, da häufig Schmerzen und andere Erkrankungen ursächlich beteiligt sind, wenn ein Tier verhaltensauffällig wird. Problemverhaltensweisen können bei ei-

Diese Situation ist nicht ideal. Die Hunde werden zu eng aneinander vorbei geführt.

nem geeigneten Therapieansatz (gegebenenfalls unter Zusammenarbeit des Tierarztes mit einem erfahrenen und modern arbeitenden Hundetrainer) in vielen Fällen durch ein spezielles Verhaltenstraining drastisch verbessert oder sogar ganz umgelernt werden. Im Folgenden werden nun einige besonders häufige Problemverhaltensweisen aufgeführt.

Angst vor Menschen, Artgenossen oder Dingen

Viele Hunde leben in der ihnen vertrauten Umgebung ohne Stress und haben eine enge Beziehung zu den Menschen, bei denen sie leben, und zu den ihnen vertrauten Artgenossen, verhalten sich aber unsicher bis ängstlich im Kontakt mit fremden Personen oder Hunden, die sie auf dem Spaziergang treffen oder wenn sie in eine fremde Umgebung kommen. Der häufigste Grund ist „mangelnde“ Sozialisation und Habituation, d. h. ein Erfahrungsmangel in Bezug auf mannigfaltige Positivkontakte mit wechselnden Individuen und Umweltsituationen in der Welpenzeit. Neben weiteren Gründen können natürlich auch negative Erfahrungen bei der Problementstehung eine Rolle spielen.

Trennungsangst

Als Rudeltiere leiden Hunde besonders häufig unter sogenannter Trennungsangst. Viele bekommen Angst oder Panik, wenn sie alleingelassen werden und zeigen gegebenenfalls auch bei kurzen und nur geringen räumlichen Trennungen Stressverhaltensweisen (wie z. B. starke Unruhe, Bellen, Jaulen, Winseln, Zerstören von Gegenständen, Verlust der Stubenreinheit, Erbrechen). Trennungsangst lässt sich auf unterschiedliche Ursachen zurückführen – etwa Erfahrungsmangel, Krankheitsphasen mit intensiver Rundum-Betreuung, traumatische Erfahrungen (Verlust der sozialen Gruppe, z. B. weil sie schon einmal ausgesetzt worden waren). Viele Trennungsangstpatienten „kleben“ auffällig an ihrem Besitzer und verhalten sich unselbstständig. Die Panik, die die Tiere durchleiden, wenn sie alleinegelassen werden, nimmt schnell tierschutzrelevante Ausmaße an.

Geräusch- und Gewitterangst

Angst oder Panik vor Schussgeräuschen, Verkehrslärm, Heißluftballons, lauten Haushaltsgeräten oder Gewitter ist bei Hunden weit verbreitet. Meist beginnt das Problem mit einem Geräusch und weitet sich dann immer mehr aus. Im Rahmen der hinzukommenden Angstverknüpfungen kann der Hund beginnen, Orte, Menschen oder Situationen, die er mit seiner Angst in Verbindung bringt, zu meiden. Bei der Gewitterangst spielt neben den Geräuschen auch die Veränderung des Luftdrucks eine große Rolle. Geräusch- und Gewitterangst kann auch bei Hunden auftreten, die viele Jahre lang sorgenfrei mit diesen Reizen umgehen konnten.

Solche Szenen erregen die Gemüter.

Einen Hund zu halten, der dauernd oder häufig unter Angst leidet, ist ein Tierschutzproblem. Hilfe ist dann dringend erforderlich! Vom Leiden des Hundes abgesehen, ist Angst die häufigste Ursache für die Entstehung von Aggressionsproblemen und auch vor diesem Hintergrund in jedem Fall therapiebedürftig.

Aggression gegenüber Menschen oder Artgenossen

Hunde mit Aggressionsverhalten sind in unserer Gesellschaft nicht gerne gesehen. Je nach Ausprägung der Beißhemmung (siehe S. 23) ist die Haltung eines aggressiven Tieres eventuell gefährlich, sodass im Umgang mit dem Hund bestimmte Sicherheitsvorkehrungen (Einsatz von Leine und Maulkorb) getroffen werden sollten. Die Gründe für das Entstehen eines Aggressionsproblems sind vielfältig und sollten genau wie die Gefahreneinschätzung von einem Spezialisten geklärt werden, der einschätzen kann, ob und wie das Problem zu therapieren ist.

Hinweis: Anders als man es vielleicht im ersten Impuls wahrnimmt, sind Drohverhaltensweisen wie Knurren oder Zähneblecken „positive“ Eigenschaften. Hunde, die Drohverhalten zeigen, sind leicht lesbar und somit „sicherer“. Nähern Sie sich einem drohenden Hund nicht und maßregeln Sie ihn nicht für sein Verhalten. Dies bedeutet aber nicht, Däumchen zu drehen, wenn es Ihr Hund ist, der diese Verhaltensweisen an den Tag legt. Am Aggressionsproblem sollte durchaus gearbeitet werden – nur nicht im Affekt, sondern mit einem von einem Spezialisten aufgestellten Trainings- bzw. Therapieplan unter Berücksichtigung der Ursachen.

Neben dem normalen – im Kontext einer Situation eingesetzten – Aggressionsverhalten gibt es auch krankhafte Formen der Aggression, die einer genauen medizinischen Abklärung bedürfen und in einigen Fällen auf medizinischer Basis therapiert werden können.

Jagdverhalten

Hunde sind und bleiben Jagdraubtiere. Manche haben eine geringere und manche eine hohe Jagdpassion. In den einzelnen Zuchtrichtungen wurde in der Jagdhandlungskette auf unterschiedliche Details Wert gelegt, sodass Hunde in Bezug auf das Jagdverhalten unterschiedliche Verhaltensweisen zeigen. Dies spiegelt sich im Alltag wider. Ein frühes Prophylaxetraining und eine intensive Schulung guten Gehorsams hilft, ein Jagdproblem erst gar nicht entstehen zu lassen – in diesem Punkt oder bei der Therapie eines bereits bestehenden Jagdproblems ist ein moderner, gut ausgebildeter Trainer der richtige Ansprechpartner. Dies gilt speziell, wenn die Tendenz, auf Bewegungsreize zu reagieren, auch auf Reize wie rennende Kinder, Jogger, Radfahrer, Reiter oder Autos ausgeweitet wird.

Weitere Problemverhaltensweisen

Die Palette an Problemverhaltensweisen ist lang und würde alleine bei der jeweiligen Zusammenfassung des Problems den Rahmen dieses Buches sprengen. Daher an dieser Stelle nur ein Hinweis: Wenden Sie sich an Ihren Tierarzt oder an einen auf Verhaltenstherapie spezialisierten Tierarzt, wenn Ihr Hund stereotype Bewegungen zeigt, Probleme im häuslichen Sauberkeitstraining aufweist, das Autofahren nicht verträgt, Störungen im Sexualverhalten, im Bereich der Nahrungsaufnahme oder eine der oben angesprochenen Problemverhaltensweisen zeigt. Die Therapie der Problematik erleichtert nicht nur Ihnen das Leben – sie macht auch das Leben Ihres Vierbeiners erst wieder richtig lebenswert!

Hund und Recht

Schweiz

In der Schweiz obliegt es den Kantonen, für Schutz und Sicherheit der Menschen zu sorgen. Die je nach Kanton unterschiedlichen Hundegesetze sollen Menschen vor Hunden schützen.

Der Sachkundekurs ist im neuen eidgenössischen Tierschutzgesetz verankert und wird deswegen in der gesamten Schweiz angeordnet. Das neue Tierschutzgesetz, das schweizweit gilt, bezweckt – im Gegensatz zu den kantonalen Hundegesetzen – grundsätzlich, das Wohlbefinden und die Würde von Tieren zu schützen. Dazu sind auch Vorschriften erforderlich, die das Verhalten des Menschen gegenüber Tieren regeln, wie dies etwa der Sachkundenachweis bezweckt. Bestimmungen über den rechtlichen Umgang mit Tieren finden sich im Tierschutzgesetz; in der Tierschutzverordnung finden sich detaillierte Vorschriften zum Umgang mit und zur Haltung von Tieren. Bestimmungen wie das Chippen des Hundes sind jedoch in der Tierseuchengesetzgebung verankert. Aufgrund der kantonalen Hundegesetze, die je nach Kanton unterschiedlich ausgestaltet sind, benötigt man in einigen Kantonen eine Haltebewilligung für gewisse Hunderassen, in anderen Kantonen gibt es sogar Verbotslisten für gewisse Rassen, andere haben gar keine derartigen Bestimmungen.

Für die Höhe der Hundesteuer gelten kommunale Regelungen.

Auf folgenden Homepages finden Sie weitere Informationen:
www.tiererichtighalten.ch und
www.tierimrecht.org

Deutschland

In Deutschland obliegt es den Ländern, Verordnungen oder Gesetze zur Gefahrenabwehr zu erlassen. Hieraus ergibt sich ebenfalls eine wenig einheitliche Regelung in Bezug auf die Hundehaltung. Eine Übersicht über die einzelnen Verordnungen und Gesetze finden Sie im Internet unter www.hundegesetze.de

Weitere gesetzliche Bestimmungen, die Hunde betreffen, finden sich im Grundgesetz, Tierschutzgesetz, in der Tierschutz-Hundeverordnung, in der Tollwutverordnung, im Gesetz zur Beschränkung des Verbringens oder der Einfuhr gefährlicher Hunde in das Inland, sowie einer dazugehörigen Verordnung, in der mögliche Ausnahmen geregelt sind, im Abfallgesetz und in der Straßenverkehrsordnung. Außerdem gibt es kommunale Regelungen, die beispielsweise die Hundesteuer betreffen. Auf den Tierhalter sind natürlich darüber hinaus die Regelungen des Strafrechts, Ordnungswidrigkeitenrechts und Zivilrechts anwendbar.

Eine Übersicht über alle Gesetzestexte finden Sie hier:
www.gesetze-im-internet.de

Obligatorische Übungen

Der erste Teil dieses Kapitels enthält Vorschläge zum Übungsaufbau für die obligatorischen Übungen des Schweizer Sachkundenachweises (SKN). Im zweiten Teil finden Sie weitere Übungen, deren Beherrschung das tägliche Zusammenleben mit dem Hund zusätzlich vereinfachen. Jeder Hund sollte mit diesen Übungen gut vertraut sein. Ab Seite 82 finden Sie zu jeder Übung Trainingspläne, die zur Steigerung bzw. Festigung der Übung durchlaufen werden sollten.

Lobwort

Als Lobwort bezeichnet man ein Wortsignal, das den Hund in freudige Stimmung versetzen soll. Um dies zu erreichen, ist ein spezielles Training nötig, denn in der Hundekommunikation

Gegenseitiges Vertrauen ist eine wichtige Voraussetzung für ein problemfreies Miteinander.

> **Hinweis**
> Das Lobwort ist ein sogenannter sekundärer Verstärker. Das bedeutet, es ist für den Hund nicht lebenswichtig. Der Hund muss dessen Bedeutung lernen.

gibt es keinen vergleichbaren Laut, der dem Hund so etwas wie „gut gemacht“ vermitteln würde.

Trainingsaufbau Lobwort

Die Bedeutung des Lobworts (z. B. JAWOHL, BRAV, FEIN, GUT SO, PRIMA) wird dem Hund idealerweise über eine klassische Konditionierung vermittelt (siehe S. 55, Lernen einer reflexartigen Emotion). Der Aufbau des Lobwortes entspricht somit der Clickerkonditionierung.

Sprechen Sie das von Ihnen gewählte Lobwort in einem freudigen Tonfall aus (möglichst so, wie Sie es zum Hund sagen würden, wenn er gerade eine Glanzleistung vollbracht hat) und stecken Sie ihm direkt danach ein schmackhaftes Leckerchen zu. Wiederholen Sie dies etwa 15 Mal hintereinander.

Unterschiede zwischen Lobwort und Clicker

Das Lobwort ist in seiner Wirksamkeit dem Clicker unterlegen. Dies liegt daran, dass ein Sprachkommando wesentlich inkonstanter ist. Die eigene Stimme kann sich aufgrund von Stimmungen oder auch einer Erkältung ändern. Wenn verschiedene Personen mit dem Hund trainieren, muss dieser sich auf verschiedene Stimmen einstellen. Auch erfolgt die Anwendung des Lobwortes in vielen Fällen nicht ganz so präzise wie ein punktgenau platziertes „Click“. Das Training eines Lobwortes ist dennoch sinnvoll, weil es universell einsetzbar ist und die persönliche Komponente auch ein Bindungselement zwischen Hund und Halter darstellt.

Wenn das Lobwort wie oben beschrieben aufgebaut wurde, kann es im Alltag und im Training als Verstärker eingesetzt werden. Denken Sie daran, dass diese Art eines positiven Verstärkers (positive Belohnung) das Gefühl von Freude auslösen muss, damit der Hund die gelobte Handlung in Zukunft wieder zeigt. Dies funktioniert umso besser, je häufiger das Lobwort an einen Primärverstärker gekoppelt wurde und je höherwertig (aus Hundesicht) der Primärverstärker (z. B. besonders begehrte Leckerchen) ist. Um nichts von der positiven Wirkung einzubüßen, sind im Training bzw. Alltag zwei Ansätze sinnvoll: Koppeln Sie das Lobwort nicht nur zum Aufbau, sondern langfristig (oder zumindest möglichst häufig) im Training an einen Primärverstärker, der dem Lobwort (leicht zeitversetzt) folgt. Auf diese Weise wird die Wirkung des Lobwortes immer stärker, denn das Gefühl von Freude wird in Bezug zum zunächst ganz neutralen Wort ausgebaut

> **Hinweis**
> Wer nicht so gerne in höchsten Tönen in der Öffentlichkeit quietscht, muss dies auch beim Aufbau des Lobwortes nicht tun. Ihr Hund lernt in der Verknüpfungsübung, wie **Sie** sich freuen und was **Ihr** Lobwort bedeutet.

und gesteigert. Wenn dann in bestimmten Momenten auch einmal nur das Lobwort eingesetzt wird, ist das für den Leistungsausbau kaum ein Einbruch. Wenn dies jedoch häufiger passiert, schwächt sich die Wirkung des Lobwortes auch wieder ab. Hier setzt der zweite Ansatz ein: Wiederholen Sie die Aufbau-Übung alle paar Wochen, wenn Sie im Alltag das Lobwort häufiger ohne den folgenden Primärverstärker einsetzen.

Bindungselement Sprache

Für Hunde ist die menschliche Sprache nicht in ihrer Bedeutungsfülle nachvollziehbar. Hunde können aber die Bedeutung einzelner Worte und gegebenenfalls auch ganzer Sätze lernen. Bei diesem Lernen spielen die Worte selbst für den Hund kaum eine Rolle. Er lernt den Klang mit einer Situation, Handlung, einem Individuum oder einer Konsequenz zu verknüpfen. Als Mensch ist man geneigt, Sprache auch im Trainingsaufbau als „Erklärung" einzusetzen. Das bringt das Tier jedoch nicht weiter. Bedenken Sie, wie

Hinweis

Je weniger Sie mit dem Hund „reden", desto leichter kann er den für ihn wichtigen Signalen seine volle Aufmerksamkeit schenken.

Viele Kommandos können sowohl als Sicht-, als auch als Hörzeichen trainiert werden.

Tipp

Beschränken Sie sich beim Training des Lobwortes wirklich auf Ihre Sprache. Das heißt, fassen Sie den Hund in dieser Übung möglichst nicht an, denn zu leicht schleichen sich körpersprachliche Bedrohungselemente ein.

hilfreich es für Sie selbst ist, wenn jemand in einer fremden Sprache auf Sie einredet, um Ihnen etwas zu erklären ... In der Hundehaltung ist es ein Trainingsziel, dem Tier die Bedeutung einiger wichtiger Worte beizubringen, um es leichter führen zu können. Dies gelingt umso besser, wenn der Vierbeiner diese Worte bzw. Wortsignale gut aus dem restlichen Wust menschlicher Sprache heraushören kann. Benutzen Sie daher für jedes Signal stets das gleiche Wort und einen jeweils charakteristischen Tonfall.

Hunde lernen schnell, menschliche Emotionen zu deuten. Gute Laune ihres Halters oder ein herzliches Lachen vermittelt ihnen ein angenehmes Gefühl. Nutzen Sie dies auch im Aufbau des Lobwortes und trainieren sie es vor allem, wenn Sie selbst in guter Stimmung sind. Bedenken Sie: Sie möchten Ihrem Hund mit dem Lobwort später eine wirkliche Freude machen und ihm vermitteln können, wie brav er war. Das muss er merken können!

Blickkontakt

In einfacher Weise kann trainiert werden, dass der Hund die Aufmerksamkeit auf seinen Menschen richtet. Der

Aufmerksamkeit ist die wichtigste Trainingsvoraussetzung.

im Folgenden beschriebene Weg hat sich schon tausendfach bewährt.

Das Blickkontakt-Training dient mehreren Zwecken: Sie können am Blick Ihres Hundes leicht erkennen, dass er gedanklich bei Ihnen ist. Dies ist eine wichtige Information, denn das Ziel sollte es sein, den Hund zu führen, was gleichzeitig bedeutet, dass er sich (freiwillig) an Ihnen orientieren soll. Dies signalisiert er mit dem Blick. Die Kontaktaufnahme vom Hund zum Besitzer hat team- bzw. bindungsstärkenden Charakter. Außerdem wird auch der mögliche Einsatz eines Sichtzeichens als Signal für eine Handlung vereinfacht, denn der Hund ist dem Menschen ja schon mit seinem Blick zugewandt und kann das Signal so leicht „lesen“. Ein weiterer

Vorteil besteht darin, dass der Hund, wenn er Blickkontakt zu Ihnen hält, sich nicht zeitgleich unerwünschten Dingen zuwenden kann. Der Blickkontakt ist also ein wichtiges Element, um den Hund (vor allem in ablenkungsreichen Situationen) kontrolliert leiten zu können. Bedenken Sie, wie viel schwieriger es ist, die Fäden in der Hand zu behalten, wenn der Hund seine Konzentration statt auf Sie auf andere spannendere Dinge richtet.

Die Blickkontakt-Übung gibt es in zwei Trainingsvarianten: ohne Kommando und mit Kommando. Beide Übungen sind wichtig, verfolgen jedoch unterschiedliche Ziele. In der Trainingsvariante ohne Kommando wird an der grundsätzlichen Bereitschaft des Hundes gefeilt, sich am Menschen zu orientieren. Es ist somit eine der wichtigsten, wenn nicht gar die wichtigste Basisübung. In der Trainingsvariante mit Kommando lernt der Hund eine Handlung auf Signal. In diesem Fall soll er sich aus Gehorsamkeitsgründen dem Menschen zuwenden. Das Ziel ist hier also Aufmerksamkeit „befehlen" zu können. Dies ist ein sehr wichtiges Trainingsziel. Aber Achtung: Ein besonders sauberer Übungsaufbau und ein ausreichend intensives Training sind erforderlich, bevor diese Übung im Alltag wirklich zum Einsatz kommen sollte, denn wie in jeder Übung, die mit einem Signal belegt ist, bedeutet ein Nichtbefolgen einen Misserfolg auf ganzer Linie: Der Hund hat, wenn er nicht reagiert, einen persönlichen Erfolg mit etwas anderem! Vielleicht tut er etwas „Interessanteres" oder gar Unerwünschtes. Gleichzeitig wird klar, dass Sie (noch) nicht die volle Kontrolle über die Führung Ihres Hundes haben.

Trainingsaufbau Blickkontakt (Basisübung – ohne Kommando)

Bei dieser Übung kann im Grunde nichts schiefgehen, wenn Sie folgendermaßen vorgehen: Führen Sie Ihren Hund an der Leine und geben Sie ihm nur etwa 80 cm Bewegungsspielraum (die Leine sollte hierbei so gehalten werden, dass von Ihnen kein Zug auf das Halsband oder das Geschirr übertragen wird). Bleiben Sie nun stur stehen und beobachten Sie Ihren Hund aus den Augenwinkeln.

Tipp: Günstig ist es, wenn Sie vorher unauffällig bereits ein Leckerchen in die Hand genommen haben, denn hier ist ein gutes Timing gefragt. Alternativ zur direkten Belohnung kann diese Übung hervorragend mit dem Clicker trainiert werden. In diesem Fall halten Sie den Clicker einsatzbereit, Leckerchen gibt es in diesem Fall erst nach dem Click, sodass sie in Ihrer Tasche verstaut bleiben können.

Warten Sie geduldig, bis der Hund Ihnen einen Blick zuwirft, ohne dass Sie ihn locken, ansprechen oder anderweitig verleiten. Stecken Sie ihm genau in diesem Moment sein Belohnungsleckerchen zu. Bedenken Sie, dass Sie anfänglich einen „Zufall" belohnen! Je nach Ablenkungsmaß aus der Umgebung kann es sein, dass es etwas dauert, bis der Hund zu Ihnen schaut. Das ist kein Fehler von ihm, denn schließlich haben Sie ihm keinerlei Anweisungen erteilt, was er tun soll. Sie arbeiten hier mit ihm auf freiwilliger Basis.

Je wertvoller Ihr Belohnungsleckerchen in den ersten Trainingsdurchgängen ist, desto eher sind Hunde geneigt, zügig bzw. häufig Blickkontakt aufzunehmen. Belohnen Sie anfänglich jeden (!) Blick Ihres Hundes, denn er soll sich seiner Sache ganz sicher sein: Es lohnt sich immer, Kontakt zum Besitzer aufzunehmen!

Hinweis: Anfänglich spielt es keine Rolle, wenn der Hund nur „schlampig" aufschaut, beispielsweise indem er seinen Blick auf Ihre Futtertasche und nicht auf Ihr Gesicht richtet. Hieran kann man später noch feilen. Zunächst einmal ist jeder Blick, der mindestens hüfthoch ist (am Menschen gemessen), eine Belohnung wert.

Trainingsaufbau Blickkontakt (Basisübung – auf Signal)

Diese Übung ähnelt im Aufbau der Lobwort-Übung, jedoch gibt es feine Unterschiede. Halten Sie eine Anzahl von etwa 10 bis 15 schmackhaften Leckerchen bereit und Ihren Hund angeleint bei sich. Bei Hunden, die zum Anspringen tendieren, ist es sinnvoll, die Leine mit dem Fuß zu sichern, um in der Übung ein Springen von vornherein zu verhindern. Sprechen Sie nun das Signalwort, das Sie gewählt haben (z. B. LUAG, SCHAU MAL, AUFPASSEN), in der Art und Weise aus, wie es später zum Einsatz kommen soll (z. B. in einem motivierenden, auffordernden Tonfall). Führen Sie danach das Leckerchen zunächst an die Nase des Hundes und dann in einer flüssigen Bewegung hoch zu Ihrem Gesicht, bevor Sie es ihm anschließend geben. Auf diese Weise „erschummeln" Sie sich eine Bestleistung (der Hund wird durch das Anlocken motiviert). Das Ziel in diesem ersten Lernschritt ist es, dass der Hund das Signalwort als etwas sehr Angenehmes abspeichert und zunächst indirekt noch die erwünschte Handlung zeigt (dem in Richtung Gesicht geführten Leckerchen hinterherschauen, sprich: in Richtung Gesicht schauen). Auch hier gilt, dass die spätere Bereitschaft, Folge zu leisten, von der Art des Belohnungsfutters abhängt. Die Qualität des Leckerchens muss so gewählt werden, dass hundertprozentig gewährleistet ist, dass der Hund sich durch das Lockleckerchen sofort motivieren lässt!

Leinenführigkeit

Der Begriff Leinenführigkeit bezeichnet das Gehen an lockerer Leine. Der Hund muss hierbei, anders als beim Fußlaufen (unter Kommando), weder besonders eng an der Seite des Menschen sein, noch konzentriert zu ihm hochschauen. Das Trainingsziel ist, dass die Leine beim gemeinsamen Gehen nicht unter Spannung gerät und dass der Hund nicht Zickzack läuft. Wenn man möchte, kann man eine Seite definieren, an der der Hund immer laufen soll oder man übt leinenführiges Gehen mit ihm am rechten und am linken Bein.

Eine gute Leinenführigkeit ist ein hohes Trainingsziel, welches nur bei konsequentem Üben erreicht werden kann. Hunde, auch kleinere, haben eine schnellere Grundgangart als wir Menschen, denn sie laufen meist in einem langsamen Trab und nicht wie wir in Schrittgeschwindigkeit. Hinzu

So sieht der Seitenwechsel hinter dem Rücken aus (vgl. S. 76)

kommt, dass sie von interessanten Gerüchen von rechts nach links getragen werden. Ein gradliniges, langsames Laufen an nur einer Seite ist also nichts, was Hunden in die Wiege gelegt ist.

Wenn der Hund allgemein von seiner Körpermasse bzw. -kraft oder von seinem Temperament her dem Menschen, der ihn führt, überlegen ist, sollte aus Sicherheitsgründen ein Führungshilfsmittel eingesetzt werden. Leider sind hierzu auch Dinge auf dem Markt, die ihre Wirkung über Schmerzen erzeugen, etwa Lendenleinen, Geschirre mit Zugwirkung unter den Achseln, dünne Kettenhalsbänder oder Würgehalsbänder ohne oder mit einem zu weit gefassten Zugstop. Halten Sie hiervon Abstand, denn diese Materialien erfüllen nicht die Kriterien des Tierschutzgedankens, der bei der Auswahl von Hilfsmitteln stets die ausschlaggebende Rolle spielen sollte!

Geeignete Hilfsmittel sind Geschirre mit einem Führungsring an einem quer verlaufenden Brustgurt oder ein Kopfhalfter. Von Letzterem gibt es verschiedene Modelle (etwa Halti, Gentle Leader, Newtrix oder Canny Collar), die unterschiedliche Wirkungsweisen haben, was die Führungsart und die Vor- oder Nachteile anbetrifft. Für alle gilt, dass sie die Kontrolle des Halters über den Hund erheblich steigern und dass ein Vortraining erforderlich ist, in dem der Hund mit dem zunächst ungewohnten Tragen des Kopfhalfters vertraut gemacht werden muss. Bei fachgerechter Anwendung entstehen dem Hund durch die Führung mit einem Kopfhalfter keine Schmerzen.

Trainingsaufbau Leinenführigkeit

Lassen Sie Ihren Hund wissen, dass Sie Leckerchen dabei haben und starten Sie dann zu einem gemeinsamen Gang. Loben und belohnen Sie ihn sooft es geht, solange bzw. wenn er wieder so nah bei Ihnen ist, dass die Leine nicht auf Spannung gerät.

In dieser Übung leisten Lobwort und Clicker hervorragende Dienste. Setzen Sie Ihr Lobwort ein oder clicken Sie, wenn Ihr Hund leinenführig läuft, und holen Sie ganz in Ruhe erst danach das Belohnungsleckerchen heraus und geben Sie es dem Hund. Achtung: Bleiben Sie aufmerksam auf die Handlungen Ihres Hundes! Meist er-

Hinweis

Wenn Sie ein Hilfsmittel einsetzen, mit dem das Ziehen für den Hund kaum möglich ist, haben Sie besonders häufig Gelegenheit, Ihren Hund für gesittetes Gehen an Ihrer Seite zu belohnen!

hält man direkt nach der Belohnung gleich wieder die Chance, ein weiteres Lob anzubringen, da der Hund immer noch dicht bei einem ist.

In der Übung zur Leinenführigkeit ist es für kurze Distanzen zwischendurch auch erlaubt, den Hund am Lockmittel zu führen, indem Sie ihm dieses auf Schnauzenhöhe (und sich selbst relativ nah ans Bein) halten. Auf diese Weise wird ihm vor allem die Seite, an der Sie ihn lockend führen, vertraut gemacht.

Wer langfristig ohne spezielle Hilfsmittel auskommen möchte, kann im Übungsaufbau auf einen konsequenten Materialwechsel als Übungsinformation setzen, denn Hunde können leicht lernen, zwischen „Freizeit-" und „Arbeitskleidung" zu unterscheiden. Das geht so: Wenn Sie Ihren Hund später am Halsband führen möchten, darf er dieses nur dann tragen, wenn Sie mit ihm die Leinenführigkeit üben. In den Zeiten, in denen Sie keine Zeit oder Lust haben, an seiner Leinenführigkeit zu feilen, setzen Sie ein Geschirr oder Kopfhalfter ein und ziehen dem Hund das Halsband aus. Auf die Leinenführigkeit wird dann nicht weiter geachtet. Aber Achtung: Damit dies für den Hund leicht nachvollziehbar wird, ist Konsequenz in Bezug auf den Materialwechsel erforderlich, denn mit dem Hilfsmittel, dass Sie

Vertrautmachen mit einem Kopfhalfter.

Hinweis

Geben Sie dem Hund die Belohnungsstückchen jeweils außen neben Ihrem Bein. Achten Sie hierbei darauf, die Hand der entsprechenden Körperseite zu benutzen, denn sonst gewöhnt sich der Hund an, bei der Belohnung quer vor Sie zu laufen, was beim Gehen sehr hinderlich ist.

später tagtäglich einsetzen möchten, darf niemals das Ziehen verknüpft werden!

Rückruf

Das Rückrufsignal ist das wichtigste Signal, wenn der Hund Freilauf hat. Das Trainingsziel ist, dass der Hund lernt, umgehend und möglichst schnell bis dicht an den Besitzer zu laufen und dort auf weitere Anweisungen zu warten. Diese Bedingungen wird der Hund umso zuverlässiger er-

Der Rückruf ist die wichtigste Übung.

füllen, je positiver er die Handlung verknüpft hat. Bedenken Sie die Wichtigkeit dieser Tatsache, denn sicher werden sich im Alltag oftmals Situationen ergeben, in denen der Hund zunächst zwischen bravem Gehorsam und einer starken Verleitung hin- und hergerissen sein wird.

Tipp

Setzen Sie in dieser Übung Belohnungen ein, die für Ihren Hund den allerhöchsten Stellenwert haben. Auf diese Weise erzeugen Sie eine hohe emotionale Verknüpfung zum Signal und indirekt zur Handlung.

Trainingsaufbau Rückruf

Der erste Lernschritt des Rückrufsignals bezieht sich noch nicht auf das Herankommen, sondern auf die Verknüpfung und emotionale Einstimmung auf das Signal. Auch diese Übung ähnelt dem Aufbau des Lobwortes, da es sich wiederum um eine klassische Konditionierung handelt.

Legen Sie sich etwa 15 bis 20 ganz extrem schmackhafte Leckerchen bereit. Suchen Sie einen ablenkungsfreien Ort auf und halten Sie Ihren Hund im ersten Trainingsdurchgang an der Leine, damit gewährleistet ist, dass er sich voll und ganz auf die Verknüpfungsübung einlassen kann.

Sprechen Sie das Rückrufsignal nun so laut oder eindringlich aus, wie Sie es benutzen würden, wenn sich Ihr Hund in einer Entfernung von etwa 30 Metern befinden würde, und stecken Sie ihm etwa eine halbe Sekunde später eines der Leckerchen zu. Wiederholen Sie dies mit allen Superleckerchen, die Sie dafür bereitgelegt haben. Hier noch einmal der Hinweis: Dies ist eine Signalverknüpfungsübung! Der Hund muss bis jetzt noch keinen Schritt laufen, um an sein Leckerchen zu kommen! Die Handlung des Zurückkommens wird erst in den folgenden Lernschritten (siehe Übungsplan S. 109) eingebunden, wenn der Hund bereits weiß, dass das Signal bedeutet: Er erhält ein Traumleckerchen beim Besitzer.

Abbruchsignal

Im Alltag ergeben sich immer wieder Situationen, in denen man dem Hund sagen können möchte, dass er etwas Bestimmtes nicht tun darf oder eine Handlung, die er bereits ausführt, augenblicklich unterbrechen soll. Das Abbruchsignal stellt somit ein wichtiges Trainingsziel dar. Das gewählte Kommando sollte kurz und einprägsam sein, damit in den entsprechenden Situationen nicht lange überlegt werden muss (z. B. PFUI, OFF, BASTA). In den Übungen muss dem Hund die Bedeutung des Abbruchssignals dann genauestens vermittelt werden. Hierbei ist es besonders günstig, wenn der Hund im Trainingsaufbau erfährt, dass er mit seinem ursprünglichen Handlungsplan (also mit der Handlung, die er abbrechen soll) niemals einen Erfolg erzielen wird. Eine gute Planung der Übung ist also zwingend erforderlich!

Hinweis

Es ist von ausschlaggebender Wichtigkeit, das Kommando wirklich nicht zu wiederholen – ganz egal, wie lange Ihr Hund in den ersten Reaktionen braucht, um von dem Verleitungsleckerchen abzulassen. Kommandowiederholungen führen dazu, dass Ihr Hund im Alltag ebenfalls auf mehrmalige Wiederholungen hofft, was Sie sich bei der Befolgung einer Korrektur nicht leisten können.

Das Abbruchsignal: Hier ist Mitdenken gefordert!

Trainingsaufbau Abbruchsignal

Arbeiten Sie mit zwei unterschiedlich schmackhaften Leckerchen. Legen Sie sich eines der weniger attraktiven Häppchen auf die flache Hand und lassen Sie es den Hund fressen. Wiederholen Sie dies mit etwa zehn Stückchen. Auf diese Weise wird in der nun folgenden Übung das Gefühl von Frustration erzeugt, denn der Hund ist auf einen einfachen Erfolg eingestimmt und

Freizeitsignal
Gewöhnen Sie sich an, Übungen, die Sie Ihrem Hund ansagen, am Ende aufzulösen. Nur so weiß Ihr Hund, wie lange er sie ausführen muss. Das Auflösekommando oder auch Freizeitsignal hat keine echte inhaltliche Bedeutung. Es bedeutet lediglich: „Du kannst machen, was du möchtest." Diese Freizeit kann von Ihnen jederzeit mit einem Arbeitssignal (erlerntes Kommando) beendet werden. Hier ein Beispiel: Sie befehlen Ihrem Hund SITZ, weil eine Engesituation auf dem Gehweg dies erfordert. Die Enge löst sich auf, Sie können weitergehen, aber es gibt keinen Grund, Ihren Hund unter Kommando (z. B. FUSS) zu führen. Hier ist das Freizeitsignal angebracht. Er darf machen, was er möchte. Sie gehen weiter. Er wird Ihnen sicher folgen, aber er muss nicht an Ihrer Seite gehen. Er darf auch schnüffeln, wenn er mag. Im Grunde könnte er auch sitzen bleiben, da es seine Freizeit ist, in der er entscheiden kann, was zu tun ist. Wenn Sie mit den Ideen zur Freizeitgestaltung Ihres Hundes nicht einverstanden sind, haben Sie jederzeit die Möglichkeit, die Freizeit durch ein Kommando zu beenden. In unserem Beispiel bedeutet dies: Ihr Hund bleibt sitzen oder legt sich hin. Sie möchten weitergehen. Sie können Ihrem Hund nun das Rückrufsignal oder das Kommando FUSS als Arbeitsauftrag geben, um ihn Ihren Wünschen gemäß zu aktivieren.

wird, nachdem er das Abbruch-Kommando gehört hat, zunächst enttäuscht. Dies ist ein Teilaspekt der Übung, denn der Hund soll schließlich lernen, dass eine Fortsetzung seiner ursprünglichen Handlung für ihn erfolglos ist. Er wird sich für den Fall, dass er dennoch weiterhin versuchen wird an das Leckerchen in der geschlossenen Hand zu gelangen, selbst frustrieren. Üben Sie dies mehrere Male. Hier nun nach der Vorarbeit des Anfütterns die eigentliche Verknüpfungsübung: Legen Sie sich ein Futterstückchen in gleicher Art wie vorher auf Ihre flache Hand und sagen deutlich das von Ihnen gewählte Abbruchsignal und schließen umgehend die Hand, sodass ein Misserfolg (der Hund erreicht das Häppchen, obwohl Sie Ihr Kommandowort gesagt haben) ausgeschlossen ist. Warten Sie nun einfach ab. Die meisten Hunde lecken an der Hand, wühlen mit der Schnauze an der Hand herum, geben Pfötchen, bellen oder setzen sich verdutzt hin. Bleiben Sie neutral und lassen Sie den Hund mit all diesen Handlungen ins Leere laufen. Beobachten Sie Ihren Vierbeiner genau, denn ein kleines Zurückweichen von der Hand, in der die Futterverleitung verborgen ist, oder ein Blickkontakt zu Ihnen sind Handlungen, auf die Sie warten. Loben Sie Ihren Hund umgehend, wenn er eines dieser Details zeigt, und werfen Sie ihm in geringer Distanz sein Belohnungsleckerchen (jetzt kommt eines der anderen, schmackhafteren Stückchen zum Einsatz) auf den Boden, sodass er es sich holen darf, und loben Sie ihn gleichzeitig.

Starten Sie dann die Übung neu, indem Sie wiederum mit dem „Anfüttern" beginnen.

Hinweis

Wenn Sie ein hohes Leistungsziel anstreben, ist es sinnvoll, im Übungsaufbau anfangs **kein** Sprachsignal zu benutzen, denn noch ist die Leistung inkonstant! Fehlverknüpfungen in Bezug auf die Übungsdetails sind daher sehr wahrscheinlich.

SITZ

Diese Übung ist leicht zu trainieren und stellt im Alltag eine große Hilfe dar, denn in vielen Situationen ist es angenehm, wenn der Hund für einen kurzen Moment zuverlässig körperlich Ruhe hält. Dies ist in der SITZ-Position gewährleistet.

Übungsaufbau SITZ

Halten Sie ein schmackhaftes Lockleckerchen in der Hand und lassen Sie ihren Vierbeiner daran schnüffeln. Führen Sie es dann über seine Nase nach oben und warten Sie in dieser Position, bis der Hund sich setzt. Geben Sie ihm genau in diesem Moment das Leckerchen zur Belohnung frei.

Wenn Sie im Übungsaufbau Ihre Hand, die das Lockleckerchen hält, in einer immer gleichen Art und Weise bewegen (z. B. mit erhobenem Zeigefinger), lernt der Hund bereits im Übungsaufbau ein Sichtzeichen.

Üben Sie als erste Fortsetzungsübung, dass Ihr Hund diese Übung solang einhält, bis Sie sie es mit dem Freizeitkommando auflösen. Stoppen Sie ihn, falls er sich „unerlaubt" trollen will, und erinnern Sie ihn an sei-

Hier wird das Hinlegen belohnt.

nen Auftrag. Lösen Sie die Übung dann in einem Moment auf, wenn Ihr Hund das Kommando (wenn auch nur kurz) zu Ihrer Zufriedenheit ausgeführt hat.

PLATZ

Die Liegeposition ist für Ihren Hund, wenn er einmal für einen Moment warten soll, die bequemste Stellung. Für den Gebrauch des Kommandos im Alltag ist es also sinnvoll, wenn die Position bzw. die Handlung mit einem gewissen Maß an Ruhe verknüpft ist.

Trainingsaufbau PLATZ

Lassen Sie Ihren Hund an einem schmackhaften Leckerchen schnüffeln und führen Sie dann die Hand, in der Sie es halten, dicht an den Boden. Wenn der Geruch des Leckerchens für Ihren Hund interessant ist, wird er nun weiterhin am Leckerchen „kleben" – mit der Nase tief am Boden bzw. an Ihrer Hand. Dies ist ein Etappenziel. Warten Sie geduldig ab, was passiert. In aller Regel dauert es nur einen kurzen Moment, bis der Hund in die Liegeposition übergeht, denn so gebeugt zu stehen ist für ihn unbequem. Bei kleinen Rassen kann es aber schon einmal etwas dauern. Hier ist etwas mehr Geduld gefragt.

Loben Sie Ihren Hund genau dann, wenn er sich hinlegt und sein Hinterteil und die Ellenbogen den Boden berühren, und geben Sie ihm gleichzeitig das Lock-Leckerchen als Belohnung frei.

Ein besonders bereitwilliges Mitarbeiten erreichen Sie in den ersten Trainingsdurchgängen, wenn Sie einen Moment abpassen, in dem Ihr Hund sowieso gerne liegen möchte. Vielleicht nach einem längeren Spaziergang oder vor einer sonst üblichen Ruhepause, etwa vor dem Zu-Bett-Gehen. Achten Sie außerdem speziell bei kurzhaarigen Rassen oder Hunden, die schnell frieren, auf den Untergrund. Im Übungsaufbau sollte dieser zunächst den Vorlieben des Hundes entsprechen und z. B. warm oder weich sein, damit die Übung positiv verknüpft werden kann.

Hinweis

Halten Sie bei der Arbeit mit dem Lockmittel Ihre Hand ganz ruhig und ziehen Sie sie nicht weg, denn sonst läuft Ihr Hund dem sich entfernenden Leckerchen hinterher.

Tipp

Diese Übung kann mehrfach hintereinander geübt werden. Lösen Sie das Liegen jeweils mit dem Freizeitsignal auf. Wenn Sie die Übung noch einmal wiederholen möchten, sollten Sie ihn gegebenenfalls animieren, aufzustehen, damit Sie neu starten können.

Zusätzliche Übungen

Im Folgenden werden einige weitere Übungen vorgestellt, die die Grundlage für ein reibungsloses Zusammenleben mit dem Hund bilden. Auch diese Übungen sind Basis-Übungen und somit für einen Familienhund oder einen Hund, der im Sport oder Dienst geführt wird, gleichermaßen gut geeignet.

Nah herankommen

Im Alltag ist es sehr praktisch, wenn man dem Hund ansagen kann, dass er sich körperlich nah zu einem begeben soll. Vor allem, wenn fremde Menschen zugegen sind, die sich gegebenenfalls sogar vor Hunden fürchten, ist es hilfreich und höflich, den eigenen Vierbeiner dicht bei sich zu halten. In diesem Übungsbeispiel soll sich der Hund seitlich parallel neben dem Tierhalter einfinden und sich an dessen Seite hinsetzen. Im Hundesport wird diese Übung als Grundstellung bezeichnet.

Hunde haben ein anderes Verständnis von Nähe und Weite als wir Menschen. Wenn Ihr Hund sich beispielsweise ein oder zwei Meter entfernt von Ihnen aufhält und Sie ihn zu sich rufen, kann es sein, dass er nur zögerlich reagiert, denn in seinen Augen ist er bereits „da". In dieser Übung lernt der Hund, eine sehr genau definierte Position an Ihrer Seite einzunehmen. Dies kann später einem Missverständnis (wie oben beschrieben) entgegenwirken, denn mithilfe dieses Kommandos sagen Sie dem Hund ganz genau, was bzw. welche Nähe Sie von ihm erwarten.

Trainingsaufbau nah herankommen

Die nun folgende Beschreibung bezieht sich auf das Endresultat, wobei der Hund sich links an der Seite des Menschen einfinden soll. Wenn Sie Ihren Hund an Ihrer rechten Seite

Dieser Hund kennt die Übung bereits. Er läuft in die linke Grundstellung.

> **Tipp**
>
> Das Leckerchen in der rechten Hand dient nur der Motivation. Der Hund bekommt es nicht. Nach wenigen Durchgängen sollte es ganz weggelassen werden und der Hund nur noch mit der Hand nach hinten dirigiert werden.

führen, müssen Sie die Übung spiegelverkehrt umsetzen.

Halten Sie in jeder Hand ein Leckerchen. Lassen Sie Ihren Hund an dem Futterstückchen in Ihrer rechten Hand schnüffeln und locken Sie ihn mit dieser Hand an Ihrer rechten Körperseite entlang hinter Ihre Beine. Fangen Sie ihn dort mit dem Lockleckerchen, das Sie in Ihrer linken Hand halten, ab und führen bzw. locken Sie ihn nun links neben sich. Heben Sie, wenn Ihr Hund mit seiner Schulter auf der Höhe Ihres Beines ist, Ihre Hand samt Lockmittel etwas an, sodass Ihr Hund nach oben schaut. Warten Sie, bis er sich selbstständig hinsetzt, und geben Sie ihm sofort danach das Lockleckerchen als Belohnung.

Achten Sie darauf, Ihre linke Hand samt Lockmittel außen an der Hundeschnauze zu halten, damit sich Ihr Hund eng und parallel neben Ihnen einfindet. Ansonsten kann es leicht passieren, dass er mit dem Po ausschert und letztlich schräg neben Ihnen sitzt.

Seitenwechsel

Wenn man den Hund so führen möchte, dass man ihm Sicherheit bietet, ihn aber auf der anderen Seite vor allem im öffentlichen Bereich kontrollieren muss, ist es wichtig, ihn leicht lenken zu können. Auch für den Anspruch, anderen Menschen gegenüber Respekt und Höflichkeit zu beweisen, ist diese Übung sehr gut geeignet.

Das Ziel dieser Übung ist es, den Hund von der Seite, an der er gerade neben einem läuft, ohne Manipulation an der Leine auf die andere Seite zu bringen – beispielsweise, um auf einem engen Gehweg mehr Abstand zwischen dem eigenen Hund und entgegenkommenden Passanten zu schaffen.

Trainingsaufbau Seitenwechsel

Führen Sie Ihren Hund an der Leine und bleiben Sie nach wenigen Schritten stehen. Halten Sie anfangs in jeder Hand ein Leckerchen. Locken Sie ihn nun, wenn er links geführt wurde, mit der linken Hand hinter Ihre Beine und holen Sie ihn dort mit dem Lockleckerchen Ihrer anderen Hand ab. Setzen Sie sich wieder in Bewegung, sobald der Hund wie magnetisiert am

> **Hinweis**
>
> Die Schwierigkeit dieser Übung besteht darin, dass Sie in diesem Fall auch die Leine in der Hand halten und sie ebenfalls hinter Ihrem Rücken in die andere Hand wechseln müssen. Üben Sie dies mit aller Geduld, bis es problemlos gelingt. Manchmal verliert der Hund den Kontakt zum Leckerchen und somit eventuell auch das Interesse am Lockmittel, wenn das Futter durch die Leine verdeckt ist. Setzen Sie in diesem Fall im Übungsaufbau besonders geruchsintensive Futterstückchen ein.

Durch häufige Belohnungen wird das Maulkorbtraining zu einer Spaßübung.

Leckerchen Ihrer rechten Hand klebt. Geben Sie es ihm möglichst in der Bewegung nach ein oder zwei Schritten, die er an Ihrer rechten Seite gelaufen ist. Sollten Sie Ihren Hund normalerweise rechts führen, setzen Sie diese Übung spiegelverkehrt um.

Kontrolle des Hundes – Maulkorbtraining

Vor allem im öffentlichen Bereich ist es notwendig, dass man den Hund gut kontrollieren kann. Für Momente, in denen es vorgeschrieben ist (z. B. in öffentlichen Verkehrsmitteln) oder es zumindest ein höheres Maß an Sicherheit bietet (z. B. bei tierärztlichen Untersuchungen bzw. Behandlungen, vor denen sich der Hund stark fürchtet oder die mit Schmerzen einhergehen), ist es sinnvoll, den Hund mit einem Maulkorb zu sichern. Für den Hund ist es wichtig, dass er schrittweise und spielerisch mit dem Maulkorb vertraut gemacht wurde, denn sonst ist das plötzliche Tragen eines Maulkorbes mit viel Stress verbunden.

Trainingsaufbau Maulkorbtraining

Legen Sie in einen passenden Gittermaulkorb ein schmackhaftes Leckerchen und lassen Sie es von Ihrem Hund fressen. Sollte er schüchtern reagieren, können Sie ihm das Leckerchen zunächst nah am Rand in den Maulkorb legen. Versuchen Sie es nach und nach aber immer weiter an die Nasenplatte zu bringen, damit Ihr Hund seine Schnauze bis tief in den Maulkorb hineinsteckt. Diese Übung (der Maulkorb wird nicht am Hund befestigt) muss dem Hund sehr gut vertraut sein, bevor weitere Übungsschritte (siehe Seite 119, Übungspool) in Angriff genommen werden.

Tipp: Achten Sie auf einen spielerischen Aufbau, wenn Sie Ihren Hund an das Tragen eines Maulkorbs gewöhnen möchten. Planen Sie die einzelnen Übungsdurchgänge so, dass Ihr Hund nicht auf die Idee kommt, sich den Maulkorb mit den Pfoten abzustreifen. Die Spielbälle, die Sie in der Hand halten, sind einerseits die Zeitdauer der Übung und andererseits auch die Hilfestellung, den Maulkorb anfänglich immer mit der Hand selbst festzuhalten.

Alleine warten (BLEIB)

Im Bereich der Basisübungen hat der Hund schon die Positionen SIZT und PLATZ gelernt. Streng genommen bedeuten diese Übungen für den Hund auch, dass er die jeweilige Position so lange beibehalten soll, bis die Übung vom Menschen mit dem Freizeitsignal oder mit einem anderen Kommando aufgelöst wird. Im fortgeschrittenen Training soll er lernen, auch Verleitungen und Ablenkungen standzuhalten.

Eine zusätzliche Trainingsherausforderung stellt die BLEIB-Variante dar. Hier soll der Hund trotz räumlicher Trennung vom Tierhalter ruhig und geduldig auf dessen Rückkehr bzw. weitere Anweisungen warten. Es ist Geschmackssache, ob für diese Übungsvariante ein eigenständige Kommando (BLEIB oder WARTE) eingeführt wird oder ob dieser Lerninhalt an die Positionsbefehle gekoppelt wird.

Trainingsaufbau BLEIB

Im fortgeschrittenen Training gilt es, das Maß der Ablenkung immer weiter zu steigern. Die Voraussetzung hierfür ist, dass der Hund sozial verträglich ist und keine Angst vor Stadtreizen hat.

Sagen Sie Ihrem Hund die gewünschte Position (SITZ oder PLATZ) an. Bleiben Sie aufrecht stehen und marschieren Sie auf der Stelle. Belohnen Sie Ihren Hund, wenn er sich davon nicht ablenken lässt und die Position beibehält. Achtung: Anfangs hat man in aller Regel nur ein Zeitfenster von wenigen Sekunden zur Verfügung, um die Belohnung gut zu platzieren. Übertreiben Sie also nicht, was den Anspruch der Übung anbetrifft. Das Wichtigste ist, dass Sie Ihren Hund belohnen, bevor er – zeitlich gesehen – einen bei einem Trainingsanfänger unvermeidlichen Fehler macht! Wenn dies gut gelingt und Sie für etwa 15 Sekunden vor dem Hund marschieren können, während er ganz entspannt die Position beibehält und auf seine Belohnung wartet, beginnen Sie mit der nächsten Verleitung: einer vollen Drehung um Ihre eigene Körperachse. Achten Sie darauf, die Bewegung so zu machen, dass Sie eine höchstmögliche Chance haben, den Hund für das Beibehalten der Position sicher belohnen zu können. Steigerungen des Leistungsanspruchs finden Sie, wie für alle Übungen, im Übungsteil ab Seite 120.

Abgeben von Gegenständen (AUS)

Jeder Hund sollte lernen, seinem Besitzer bzw. allen Familienmitgliedern auf Verlangen jedweden Gegenstand oder Futter umgehend abzugeben. Um in der Zukunft ein freudiges Ablassen zu erreichen, ist es im Trainingaufbau entscheidend, dass der Hund die Übung als persönlichen Erfolg und nicht als Verlustgeschäft betrachtet.

Trainingsaufbau AUS

Der erste Lernschritt besteht in einem Tauschgeschäft. Setzen Sie einen Gegenstand ein, den Ihr Hund mag und der groß genug ist, dass Sie ihn selbst gut festhalten können, auch wenn der Hund bereits mit seiner Schnauze daran „festhält, zieht oder knabbert (z. B. ein Kauspielzeug). Lassen Sie ihn einen Moment gewähren. Sie und Ihr Hund halten das Objekt also gleichzeitig fest – Sie mit der Hand und er mit der Schnauze. Halten Sie ihm dann mit Ihrer anderen Hand ein kleineres, aber besonders wertvolles Leckerchen direkt an die Nase und

Hinweis

Für ein gutes Gelingen dieser Übung ist es wichtig, dass das Tauschleckerchen (also die Belohnung) aus Hundesicht gesehen besser ist, als das Objekt, das Sie ihm abnehmen möchten.

Hilfestellung für die BLEIB-Übung: Das Sichtzeichen wird gehalten.

warten Sie, bis er, durch diesen Reiz verleitet, das erste Objekt loslässt, um das ihm vor die Nase gehaltene Leckerchen zu fressen. Sagen Sie genau in dem Moment, in dem er seine Schnauze öffnet, einmal das von Ihnen gewählte Kommandowort (z. B. AUS, LASS, GIB). Das Tauschleckerchen darf Ihr Vierbeiner sofort fressen – es ist seine Belohnung. Das andere, also das „ertauschte" Objekt lassen Sie gleichzeitig außer Sichtweite (z. B. hinter Ihrem Rücken) verschwinden, damit Ihr Hund nicht im Anschluss an seine Belohnung wieder danach schnappt. Wenn Sie die Übung mehrmals hintereinander durchspielen möchten, hat es sich bewährt, das zu ertauschende Objekt erst beim nächsten Übungsdurchgang unter Einsatz eines „Erlaubniswortes" (NIMM'S, LOS, SPIEL) wieder ins Spiel zu bringen, wenn Sie die Übung neu starten.

Steigerungen dieser Übung sind ab Seite 124 beschrieben.

Berührungen dulden

Hunde haben sehr individuelle Vorstellungen davon, ob und wann sie Berührungen dulden. Es gibt Vierbeiner, die sehr körperbezogen sind und gerne angefasst werden. Die überwiegende Anzahl von Hunden empfindet körperliche Berührungen

Beim Abgeben von Gegenständen sollte der Hund das Gefühl eines Erfolges verspüren.

jedoch nur im privaten Kontext als angenehm.

Im Alltag kann es leicht passieren, dass Hunde von fremden Menschen angefasst oder versehentlich angerempelt werden. Um möglichen Problemen vorzubeugen, ist es sinnvoll, schon im Vorfeld mit dem Vierbeiner eine geduldige Art der Beantwortung solcher Reize zu üben.

Die Einstellung „Von mir lässt sich mein Hund alles gefallen" reicht keinesfalls, um den Hund im öffentlichen Bereich sicher führen zu können. Es ist eine schöne Basis, wenn sich der Hund vom Halter viel gefallen lässt, jedoch ist das Gefallen-Lassen meist eher mit „Erdulden" als mit großer Freude gleichzusetzen.

Trainingsaufbau Berührung dulden

In dieser Übung soll eine positive Verknüpfung in Bezug auf körpersprachliche Drohelemente geübt werden. Die Übung soll von der Person gestartet werden, von der sich der Hund am liebsten anfassen lässt bzw. bei der er sich generell am geduldigsten zeigt. Auch wenn die Übungen anfangs „viel zu einfach" erscheinen, empfiehlt es sich, wirklich alle Übungsschritte durchzuspielen, denn auf diese Weise erarbeitet man sich einen stabilen Gedulds-Puffer.

Die wichtigste Bezugsperson fasst dem Hund einmal von unten an die Schnauze und steckt ihm danach ein Leckerchen zu. Dies wird etwa zehn Mal hintereinander wiederholt. Danach wird noch eine kleine Umstellung der Übung vorgenommen: Wiederum fasst die Bezugsperson dem Hund von unten an die Schnauze, diesmal jedoch wird die Hand dort in jedem Trainingsdurchgang ein bis zwei Sekunden länger gehalten, bevor der Hund ein Futterstückchen bekommt. Auch diese Übung wird etwa zehn Mal hintereinander wiederholt.

Die weiteren Trainingsanforderungen in Ppunkto Geduld finden Sie in den Übungsplänen ab Seite 125.

Übungspläne

In diesem Kapitel finden Sie für das tägliche Üben mit Ihrem Hund jeweils zwei verschiedene Übungspläne. Zum einen ist für jeden Tag eine Übungszusammenstellung vorbereitet, die sich beim Training zum Familienbegleithund schon vielfach bewährt hat. Jede Woche ist hierbei ein neues Lernziel abgesteckt, das in den täglichen Übungen angestrebt wird. Außerdem finden Sie ab Seite 104 für die einzelnen Übungen jeweils eine Übersicht mit den Steigerungen der Lernschritte, sodass Sie den Übungsplan für Ihren Hund jeweils im Abgleich mit dem augenblicklichen Leistungsstand langsam steigern können.

Wenn Sie beginnen, den Trainingsplan mit Ihrem Hund umzusetzen, bricht für ihn eine arbeitsreiche Zeit an. Da es ein wichtiges Ziel ist, dass dem Hund die Gehorsamsschulung Spaß bereitet, empfiehlt sich ein freimütiger Einsatz von Futterbelohnungen. Freimütig heißt aber nicht, den Hund mit Futter zu überhäufen. Der Einsatz von Futter als Belohnung sollte zielgerichtet erfolgen. Im Übungsaufbau wird das Futter gegebenenfalls als Lockmittel verwendet.

Später (also in den fortgeschrittenen Trainingsmomenten) ist es ganz klar leistungsgebunden. Die „Freimütigkeit“ bezieht sich eher auf den Spielraum, den Sie selbst beim Einsatz des Futters haben. Um sich selbst nicht einzuschränken, empfiehlt es sich, während des Intensivschulungsprogramms die regulären Mahlzeiten komplett zu streichen und den Hund in den Übungen mit Anteilen aus der Tagesration zu belohnen. So bleibt die gesunde Ernährung gewährleistet und es ist nicht zu befürchten, dass der Hund an Gewicht zulegt. Zwacken Sie von der Gesamttagesration etwa ein Fünftel ab und ersetzen Sie diese Menge durch besonders wertvolle Häppchen, die es dann in manchen Übungen gibt. Achten Sie darauf, dass sowohl die Anteile der Mahlzeit als auch die Snacks selbst klein, aber dennoch gut zu handhaben sind. Zum Einsatz von Nassfutter bietet sich eine (eventuell befüllbaren) Futtertube an.

Dieser Hund reagiert schon Prompt auf das Sitz-Kommando.

Lernziele und Hausaufgaben Woche 1

In der ersten Lernwoche liegt der Schwerpunkt auf dem Übungsaufbau. Es ist sinnvoll, beim Üben eine ruhige, ablenkungsarme Umgebung zu wählen.

An diesem Punkt des Trainings ist das zusätzliche Motivieren bzw. Locken mit Futter noch erlaubt. Achten Sie aber von Anfang an auf folgende Regel: Geben Sie so viel Hilfestellung wie nötig, aber so wenig wie möglich. Belohnen Sie den Hund möglichst mit einer Belohnung, die aus seiner Sicht gesehen besser ist als das Lockmittel (eine Ausnahme ist hierbei der erste Lernschritt).

Achten Sie bei den Positions-Übungen SITZ und PLATZ und auch beim Rückrufsignal darauf, dass Sie die Übungen auflösen, bevor Ihr Hund wieder loslaufen darf. Sollte er einmal vor der Zeit die Übung für beendet erachten, sprechen Sie ihn erneut an und lassen ihn die Übung noch einmal wiederholen. Lösen Sie sie dann (falls es die Situation zulässt) sehr frühzeitig auf, damit kein erneuter Fehler entsteht, oder lenken Sie seine Konzentration auf etwas anderes um (vgl. Freizeitsignal S. 72).

Beispiel

Beispiel: Um den Hund in die SITZ-Position zu locken, setzen Sie ein Stück Trockenfutter ein. Der Hund setzt sich hin. Sie belohnen ihn in der SITZ-Position mit einem kleinen Wurststückchen – das Trockenfutterstückchen geben Sie nicht ab.

Unter guter Anleitung haben Hunde sehr viel Freude beim Lernen.

Tag	zu Hause:	draußen:
1	– Lobwort	– Blickkontakt
	– Leinenführigkeit	– Leinenführigkeit
	– Rückruf	– Rückruf
	– Abbruchsignal	– SITZ
	– SITZ	– Lobwort
2	– Leinenführigkeit	– Blickkontakt
	– Rückruf	– Leinenführigkeit
	– Abbruchsignal	– Rückruf
	– SITZ	– SITZ
	– PLATZ	– PLATZ
3	– Lobwort	– Blickkontakt
	– Leinenführigkeit	– Leinenführigkeit
	– Rückruf	– Rückruf
	– SITZ	– SITZ
	– PLATZ	– PLATZ
4	– Lobwort	– Blickkontakt
	– Abbruchsignal	– Leinenführigkeit
	– Rückruf	– Rückruf
	– SITZ	– SITZ
	– PLATZ	– Abbruchsignal
5	– Lobwort	– Blickkontakt
	– Abbruchsignal	– Leinenführigkeit
	– Rückruf	– Rückruf
	– SITZ	– Abbruchsignal
	– AUS	– PLATZ
6	– Abbruchsignal	– Blickkontakt
	– Rückruf	– Leinenführigkeit
	– SITZ	– Rückruf
	– PLATZ	– Abbruchsignal
	– AUS	– PLATZ
7	– Lobwort	– Blickkontakt
	– Rückruf	– Leinenführigkeit
	– Abbruchsignal	– Rückruf
	– PLATZ	– SITZ
	– AUS	– AUS

Lernziele und Hausaufgaben Woche 2

In der zweiten Woche liegt der Schwerpunkt auf dem Aufbau einiger neuer Übungen sowie auf der Generalisierung, der bereits in der ersten Woche aufgebauten Übungen. Es sollte weiterhin eine ruhige Umgebung gewählt werden, um schnellstmöglich einen optimalen Lernerfolg zu erzielen.

Achten Sie beim Üben der bereits in der ersten Lernwoche gestarteten Übungen darauf, dass nun, auch wenn noch ein wenig Lock-Hilfestellung erforderlich ist, kein Futter mehr in der Hand gehalten wird. Der Hund soll sich mehr und mehr auf Ihre Zeichen und weniger auf die geruchliche Unterstützung konzentrieren. Für den Aufbau der neuen Übungen gilt dies allerdings noch nicht.

Die Rückrufübung soll, wie auf Seite 69 beschrieben, zu Hause und draußen jeweils mindestens einmal mit der entsprechenden Anzahl von Wiederholungen umgesetzt werden.

Die Übung zur Leinenführigkeit sieht zu Hause so aus, dass der Hund gerufen wird (gegebenenfalls SITZ macht), angeleint und danach für sein ruhiges Verhalten belohnt und dann ein paar Schritte an der Leine in der Wohnung geführt wird. Danach wird er wieder abgeleint (gegebenenfalls ebenfalls nachdem er SITZ gemacht hat bzw. während er sitzt) und danach in die Freizeit entlassen. Draußen ist darauf zu achten, dass der Hund – bei Nutzung der Trainingsvariante mit der „Arbeitskleidung" – mit dem entsprechenden Material während der Übung stets hundertprozentig aufmerksam geführt wird, sodass er fortwährend in dieser Übung nur Bestleistung zeigt. Bei einem etwaigen Ziehen an der Leine sollte man sofort stehen bleiben und unnachgiebig warten, bis der Hund sich von selbst korrigiert und die Leine wieder locker durchhängt. Erst dann wird der Gang fortgesetzt.

In allen anderen Zeiten oder auch generell (d. h., wenn man sich nicht für die Trainingsvariante mit der Arbeitskleidung entschieden hat) sollte eine dem Hund vertraute Führungshilfe, die ohne Schmerzeinwirkung funktioniert, benutzt werden, um zu verhindern, dass der Hund mit seinem Ziehen Erfolge erzielen kann. Auf diese Weise steht einem problemlosen und stockungsfreien Spaziergang nichts im Wege.

Achtung

Es gibt nun zwei Basis-Übungen, die täglich in gleicher Art trainiert werden sollen: das Rückrufkommando (Signalverknüpfungsübung) und die Übung zur Leinenführigkeit.

Konsequenz führt zum Erfolg. Sobald der Hund an der Leine zieht, bleibt der Mensch stehen.

Der Hunds oll eigenständig überlegen, wie er vorwärts kommen kann.

Die Kontaktaufnahme zum Besitzer wird belohnt. Nun kann es weitergehen.

Tag	zu Hause:	draußen:
8	– Basisübung Rückruf – Basisübung Leinenführigkeit – Abbruchsignal – SITZ – PLATZ – Lobwort – Maulkorbtraining	– Basisübung Rückruf – Basisübung Leinenführigkeit – Blickkontakt – SITZ – PLATZ – nah herankommen – Abbruchsignal
9	– Basisübung Rückruf – Basisübung Leinenführigkeit – Lobwort – Berührungen erdulden – AUS – nah herankommen – Maulkorbtraining	– Basisübung Rückruf – Basisübung Leinenführigkeit – Blickkontakt – Abbruchsignal – Berührungen erdulden – nah herankommen – PLATZ
10	– Basisübung Rückruf – Basisübung Leinenführigkeit – Berührungen erdulden – BLEIB – Seitenwechsel – Maulkorbtraining – nah herankommen	– Basisübung Rückruf – Basisübung Leinenführigkeit – Blickkontakt – Abbruchsignal – nah herankommen – Lobwort – AUS
11	– Basisübung Rückruf – Basisübung Leinenführigkeit – AUS – BLEIB – Berührungen erdulden – nah herankommen – Maulkorbtraining	– Basisübung Rückruf – Basisübung Leinenführigkeit – Blickkontakt – Berührungen erdulden – Lobwort – BLEIB – Seitenwechsel

Tag	zu Hause:	draußen:
12	– Basisübung Rückruf	– Basisübung Rückruf
	– Basisübung Leinenführigkeit	– Basisübung Leinenführigkeit
	– Lobwort	– Blickkontakt
	– AUS	– Berührungen erdulden
	– PLATZ	– Abbruchsignal
	– SITZ	– PLATZ
	– Maulkorbtraining	– Maulkorbtraining
13	– Basisübung Rückruf	– Basisübung Rückruf
	– Basisübung Leinenführigkeit	– Basisübung Leinenführigkeit
	– BLEIB	– Blickkontakt
	– AUS	– BLEIB
	– Maulkorbtraining	– Lobwort
	– nah herankommen	– Seitenwechsel
	– Berührungen erdulden	– Abbruchsignal
14	– Basisübung Rückruf	– Basisübung Rückruf
	– Basisübung Leinenführigkeit	– Basisübung Leinenführigkeit
	– Lobwort	– Blickkontakt
	– Abbruchsignal	– Lobwort
	– BLEIB	– BLEIB
	– Berührungen erdulden	– Maulkorbtraining
	– Maulkorbtraining	– nah herankommen

Lernziele und Hausaufgaben Woche 3

In dieser Woche liegt der Trainingsschwerpunkt auf der Generalisierung. Die Übungen sollen nun in einer Umgebung mit leichter Ablenkung umgesetzt werden.

Bitte bedenken Sie vor allem beim Üben im öffentlichen Bereich, dass es das wichtigste Ziel ist, dass Ihr Hund nichts Falsches lernt. Sehr schnell verknüpft er nämlich mitunter genau das Gegenteil von dem, was Sie von ihm erwarten mit einem sehr großen persönlichen Erfolg. Handeln Sie daher vorausschauend und verlangen Sie ein realistisches Niveau in den Übungen. Stufen Sie die Belohnungen nun gemäß der Leistung des Hundes ab. Hierzu zwei Beispiele.

Vorausschauend handeln

Der Hund ist im Rückrufkommando noch nicht sehr weit gefestigt. Im Freilaufgebiet treffen Sie seinen besten vierbeinigen Freund. Die beiden toben fröhlich herum. Rufen Sie nicht, auch wenn Sie gehen müssen, denn die Wahrscheinlichkeit ist groß, dass Ihr Hund (noch) nicht Folge leistet. Gehen Sie lieber zu Ihrem Hund hin, leinen Sie ihn an und führen Sie ihn auf eine Belohnung fixiert oder mit ihm spielend aus der Situation, sodass er das „Verhaftet-Werden" mit etwas Angenehmem verknüpfen kann. Erklären Sie Ihr Vorhaben kurz dem anderen Tierhalter, damit dieser seinen Hund in diesem Moment zu sich rufen oder ebenfalls kurz unter Kontrolle nehmen kann.

Das Ziel ist hier, sich die bereits geleistete Vorarbeit des Signalaufbaus aus den vergangenen Wochen nicht durch den unbedachten Einsatz des Rückrufsignals in einer (noch) zu schwierigen Situation kaputtzumachen.

Leistungsgerecht belohnen

Ihr Hund beherrscht das Kommando SITZ drinnen und draußen ohne Ablenkung. Locken ist nicht mehr erforderlich. Nun stehen Sie an einer Bushaltestelle. Um Sie herum befinden sich einige Personen und abseits spielt ein Kind mit einem Ball. Sie verlangen SITZ. Ihr Hund zögert. Sie nehmen das Sichtzeichen zu Hilfe. Ihr Hund setzt sich schließlich hin. Belohnen Sie ihn mit einer Qualitätsbelohnung, auch wenn seine Leistung nicht so prompt war, wie Sie es gerne sehen würden. Das Maß der Ablenkung war für eine gute Leistung noch zu hoch. Nutzen Sie die Gelegenheit und wiederholen Sie die Übung, falls möglich, direkt im Anschluss an die Belohnung noch einmal. Ihr Hund ist nun auf Traumbelohnung gepolt. Es ist erlaubt, in diesem Durchgang von Anfang an eine kleine Unterstützung einzusetzen, etwa in Form eines Sichtzeichens (aber möglichst ohne Futter in der Hand zu halten, oder locken Sie Ihren Hund, falls es erforderlich ist, in die SITZ-Position, aber halten Sie ein nur wenig attraktives Futterstückchen in der Hand). Belohnen Sie den Hund, sobald er sitzt, mit seiner

Diese beiden Hunde werden kontrolliert aneinander vorbeigeführt.

Mit zwei Hunden muss doppelte Erziehungsarbeit geleistet werden.

Lieblingsbelohnung und lösen Sie die Übung bald danach auf, damit er keinen Fehler durch eigenständiges Auflösen des Kommandos machen kann.

Hinweis: Wenn Sie in den nächsten Tagen an der gleichen Stelle vorbeikommen (hier also: an jener Bushaltestelle) und dort diesmal keine oder kaum Ablenkung herrscht, sollten Sie die Gunst der Stunde nutzen und dieselbe Übung wieder verlangen. Belohnen Sie dann prompte Leistung ebenfalls hochwertig, aber langsame Leistung gar nicht mehr oder mit deutlich weniger attraktivem Futter.

Anders als in der zweiten Trainingswoche werden nun in Bezug auf den Rückruf mit dem Hund draußen zusätzlich zur Basisübung (Signalverknüpfung) auch aktive Rückrufübungen umgesetzt. In diesen Übungen soll der Hund lernen, selbst aktiv zu handeln, wenn er das Rückrufsignal hört. Halten Sie aber Maß was den Schwierigkeitsgrad anbetrifft, denn das Ziel ist ein hundertprozentiges Gelingen (vgl. Fehlerbeispiel S. 90). Die Lernschritte finden Sie im Übungsplan ab Seite 109 beschrieben.

Lobwort: Das Lobwort soll nun bei jeder Übung, die Ihr Hund erfolgreich umsetzt bzw. umgesetzt hat, vor der eigentlichen (Futter-)Belohnung eingesetzt werden. Auf diese Weise frischt es sich noch weiter auf.

Hinweis: Ohne die Kombination mit der nachfolgenden Futterbelohnung sollte das Lobwort noch nicht eingesetzt werden, denn zu schnell würde sich dann die bis jetzt aufgebaute positive Bedeutung wieder verlieren. Dies wäre einerseits schade, andererseits würde es zu Leistungseinbußen und mangelhaften Verknüpfungen bei den mit dem Lobwort bedachten Übungen führen.

Die Blickkontakt-Übung

Die Blickkontakt-Übung soll draußen auf jedem Spaziergang mehrfach geübt werden. Machen Sie es Ihrem Hund zur Regel, bei allen Dingen, die er gerne erreichen möchte, erst einmal Blickkontakt zu Ihnen aufnehmen zu müssen, bevor Sie ihm gegebenenfalls

Ihr Einverständnis erteilen. Betrachten Sie diesen Blick Ihres Hundes wie eine Frage. Wer nicht fragt, bekommt keine Antwort (Erlaubnis). So einfach ist das.

Für das Üben zu Hause gibt es eine Abwandlung der Blickkontakt-Übung. Das Ziel ist hier nicht der „fragende Blick", also die Kontaktaufnahme, sondern die Konzentration möglichst lange und ohne Unterbrechung auf den Tierhalter zu richten. Dies kann später sehr nützlich sein. Diese Übung wird im Folgenden Blick-Konzentration genannt. Ab der fünften Woche (siehe Seite 100) wird die Übung auch draussen geübt.

Übungsaufbau

Nehmen Sie in eine Hand viele Leckerchen. Achten Sie darauf, dass diese möglichst klein, aber besonders schmackhaft sind. Lassen Sie Ihren Hund an dieser Hand schnüffeln und halten Sie sie sich dann etwa auf Brusthöhe vor den Körper. Diese spezielle Handhaltung lernt der Hund in dieser Übung als Sichtzeichen für Konzentration. Das Ziel ist, dass Ihr Hund zu Ihrer Hand hochschaut (und längerfristig nicht mehr wegsieht, bevor Sie es ihm sagen). Im Übungsaufbau senken Sie, sobald der Hund auf die Hand schaut, die Hand auf Schnauzenhöhe und lassen ihn ein Leckerchen aus der Hand fressen. Wichtig ist, dass er merkt, dass die Hand noch immer gefüllt ist, denn die Übung geht auf gleiche Art weiter: Die Hand wird wieder auf Brusthöhe erhoben, der Hund schaut gebannt darauf, dann gibt es wieder ein Leckerchen usw. In den ersten Durchgängen sollte die Vergabe der Belohnungen in einem hohen Takt erfolgen. Die Trainingsdauer ist auf eine Minute begrenzt. In dieser Zeit zwischen 40 und 60 kleine Stückchen zu geben ist ideal. Im späteren Verlauf dieser Übung wird daran gefeilt, die Zeit zwischen den Leckerchen und die Gesamtzeit der Übung auszudehnen. Diese Übung ist relativ anstrengend, weil sie sehr konzentrationsintensiv ist. Ein oder zwei Durchgänge pro Übungseinheit sind genug.

Hinweis: Achten Sie darauf, dass die Übung von Ihnen grundsätzlich mit Kommando aufgelöst wird – und nicht etwa, weil keine Leckerchen mehr da sind. Sollte es also einmal an die letzten Leckerchen gehen, bevor die Zeit, die Sie sich für die Übung vorgenommen haben, vorüber ist, beenden Sie die Übung mit Ihrem Freizeitsignal.

Achtung

In dieser Woche kommen zu den beiden Basisübungen (Signalaufbau für das Rückrufkommando und Leinenführigkeit) zwei weitere Übungen hinzu, die nun ebenfalls als Basisübungen umgesetzt werden sollen: das Lobwort und die Blickkontakt-Übung

Übungsaufbau Blick-Konzentration

Tag	zu Hause:	draußen:
15	– Basisübung Rückruf	– Basisübung Rückruf
	– Basisübung Leinenführigkeit	– Basisübung Leinenführigkeit
	– Basisübung Lobwort	– Basisübung Lobwort
	– Basisübung Blick-Konzentration	– Basisübung Blickkontakt
	– BLEIB	– SITZ
	– Berührungen erdulden	– PLATZ
	– Maulkorbtraining	– AUS
	– AUS	– nah herankommen
	– Abbruchsignal	– Seitenwechsel
16	– Basisübung Rückruf	– Basisübung Rückruf
	– Basisübung Leinenführigkeit	– Basisübung Leinenführigkeit
	– Basisübung Lobwort	– Basisübung Lobwort
	– Basisübung Blick-Konzentration	– Basisübung Blickkontakt
	– SITZ	– SITZ
	– Berührungen erdulden	– BLEIB
	– Maulkorbtraining	– Abbruchsignal
	– AUS	– Maulkorbtraining
	– PLATZ	– aktiver Rückruf
17	– Basisübung Rückruf	– Basisübung Rückruf
	– Basisübung Leinenführigkeit	– Basisübung Leinenführigkeit
	– Basisübung Lobwort	– Basisübung Lobwort
	– Basisübung Blick-Konzentration	– Basisübung Blickkontakt
	– PLATZ	– PLATZ
	– Berührungen erdulden	– BLEIB
	– Maulkorbtraining	– Berührungen erdulden
	– AUS	– nah herankommen
	– nah herankommen	– aktiver Rückruf
18	– Basisübung Rückruf	– Basisübung Rückruf
	– Basisübung Leinenführigkeit	– Basisübung Leinenführigkeit
	– Basisübung Lobwort	– Basisübung Lobwort
	– Basisübung Blick-Konzentration	– Basisübung Blickkontakt

Tag	zu Hause:	draußen:
	– BLEIB	– BLEIB
	– nah herankommen	– aktiver Rückruf
	– Maulkorbtraining	– AUS
	– AUS	– Maulkorbtraining
	– Abbruchsignal	– Seitenwechsel
19	– Basisübung Rückruf	– Basisübung Rückruf
	– Basisübung Leinenführigkeit	– Basisübung Leinenführigkeit
	– Basisübung Lobwort	– Basisübung Lobwort
	– Basisübung Blick-Konzentration	– Basisübung Blickkontakt
	– BLEIB	– BLEIB
	– nah herankommen	– AUS
	– Berührungen erdulden	– aktiver Rückruf
	– Maulkorbtraining	– Berührungen erdulden
	– AUS	– nah herankommen
20	– Basisübung Rückruf	– Basisübung Rückruf
	– Basisübung Leinenführigkeit	– Basisübung Leinenführigkeit
	– Basisübung Lobwort	– Basisübung Lobwort
	– Basisübung Blick-Konzentration	– Basisübung Blickkontakt
	– SITZ	– SITZ
	– PLATZ	– PLATZ
	– AUS	– aktiver Rückruf
	– BLEIB	– Abbruchsignal
	– Abbruchsignal	– Maulkorbtraining
21	– Basisübung Rückruf	– Basisübung Rückruf
	– Basisübung Leinenführigkeit	– Basisübung Leinenführigkeit
	– Basisübung Lobwort	– Basisübung Lobwort
	– Basisübung Blick-Konzentration	– Basisübung Blickkontakt
	– nah herankommen	– BLEIB
	– Berührungen erdulden	– Berührungen erdulden
	– Maulkorbtraining	– AUS
	– Abbruchsignal	– aktiver Rückruf
	– BLEIB	– Seitenwechsel

Lernziele und Hausaufgaben Woche 4

In dieser Woche liegt der Trainingsschwerpunkt weiterhin auf der Generalisierung. Auch im öffentlichen Bereich sollen nun langsam immer mehr Ablenkungen eingeführt werden.

Achtung: Jeder Hund hat seine eigene Lerngeschwindigkeit. Das wichtigste Ziel ist, dass er die erlernten Übungen immer weiter festigen kann und trotz steigender Ablenkung stets fehlerfrei umsetzt. Es sollte daher im Blick behalten werden, welches Maß an Steigerung für den eigenen Hund ideal ist. Generell gilt: Weniger ist mehr, denn dann besteht praktisch keine Gefahr für Fehler und die Übungen werden in kleinen Schritten immer weiter gefestigt.

Sollte es dennoch einmal passieren, dass eine Übung misslingt oder sich der Hund nicht gut konzentrieren kann, fahrig ist oder Fehler macht, ist nicht gleich alles verloren. Schalten Sie aber umgehend einen Gang runter: Beginnen Sie die Übung noch einmal auf dem Niveau, auf dem Ihr Hund Bestleistung gezeigt hat, und nähern Sie sich dem höheren Trainingsanspruch in noch kleineren Schritten.

Die vier schon aus der dritten Trainingswoche bekannten Basisübungen bilden auch in dieser Woche das alltägliche „Pflichtprogramm“, um weiterhin ein hohes Maß an Festigung zu erreichen. Auch in dieser Woche wird wieder sehr intensiv am Rückruf gefeilt. Neben der Basisübung gibt es also wiederum zusätzlich auch aktive Rückrufübungen (siehe Übungsplan).

Dieser Hund weiß, dass er beim Rückruf eine tolle Belohnung erhält.

Tag	zu Hause:	draußen:
22	– Basisübung Rückruf – Basisübung Leinenführigkeit – Basisübung Lobwort – Basisübung Blick-Konzentration – nah herankommen – Berührungen erdulden – Maulkorbtraining – AUS – Abbruchsignal	– Basisübung Rückruf – Basisübung Leinenführigkeit – Basisübung Lobwort – Basisübung Blickkontakt – SITZ – PLATZ – AUS – nah herankommen – aktiver Rückruf
23	– Basisübung Rückruf – Basisübung Leinenführigkeit – Basisübung Lobwort – Basisübung Blick-Konzentration – SITZ – Berührungen erdulden – Maulkorbtraining – Abbruchsignal – PLATZ	– Basisübung Rückruf – Basisübung Leinenführigkeit – Basisübung Lobwort – Basisübung Blickkontakt – SITZ – BLEIB – Abbruchsignal – aktiver Rückruf – Seitenwechsel
24	– Basisübung Rückruf – Basisübung Leinenführigkeit – Basisübung Lobwort – Basisübung Blick-Konzentration – BLEIB – Berührungen erdulden – Maulkorbtraining – AUS – nah herankommen	– Basisübung Rückruf – Basisübung Leinenführigkeit – Basisübung Lobwort – Basisübung Blickkontakt – PLATZ – aktiver Rückruf – Berührungen erdulden – nah herankommen – Abbruchsignal
25	– Basisübung Rückruf – Basisübung Leinenführigkeit – Basisübung Lobwort – Basisübung Blick-Konzentration – BLEIB – nah herankommen	– Basisübung Rückruf – Basisübung Leinenführigkeit – Basisübung Lobwort – Basisübung Blickkontakt – BLEIB – Berührungen erdulden

Tag	zu Hause:	draußen:
	– Maulkorbtraining – Berührungen erdulden – Abbruchsignal	– AUS – Maulkorbtraining – aktiver Rückruf
26	– Basisübung Rückruf – Basisübung Leinenführigkeit – Basisübung Lobwort – Basisübung Blick-Konzentration – BLEIB – Nah herankommen – Berührungen erdulden – Abbruchsignal – AUS	– Basisübung Rückruf – Basisübung Leinenführigkeit – Basisübung Lobwort – Basisübung Blickkontakt – BLEIB – aktiver Rückruf – Seitenwechsel – Berührungen erdulden – nah herankommen
27	– Basisübung Rückruf – Basisübung Leinenführigkeit – Basisübung Lobwort – Basisübung Blick-Konzentration – SITZ – PLATZ – Maulkorbtraining – BLEIB – Abbruchsignal	– Basisübung Rückruf – Basisübung Leinenführigkeit – Basisübung Lobwort – Basisübung Blickkontakt – SITZ – PLATZ – aktiver Rückruf – Abbruchsignal – Maulkorbtraining
28	– Basisübung Rückruf – Basisübung Leinenführigkeit – Basisübung Lobwort – Basisübung Blick-Konzentration – nah herankommen – Berührungen erdulden – Maulkorbtraining – AUS – BLEIB	– Basisübung Rückruf – Basisübung Leinenführigkeit – Basisübung Lobwort – Basisübung Blickkontakt – BLEIB – Berührungen erdulden – AUS – nah herankommen – aktiver Rückruf

Lernziele und Hausaufgaben Woche 5

Nun beginnt die letzte Woche des Intensivschulungsprogramms.

Der Trainingsschwerpunkt liegt weiterhin auf der Generalisierung der Übungen im öffentlichen Bereich. Ziel ist es, den Hund auch unter einem sehr starken Ablenkungsniveau sicher führen zu können und ihn in freudiger Art die Gehorsamsübungen umsetzen zu lassen.

Das Trainingsprogramm ist auf die Stadt-Situation zugeschnitten. Da in den meisten Städten Leinenpflicht besteht, werden in dieser Woche draußen keine aktiven Rückrufübungen umgesetzt. Um den Hund im Trainingsfluss zu halten, kann der aktive Rückruf zu Hause geübt und zur Freude des Hundes an ein Versteckspiel gebunden werden, indem Sie sich z. B. hinter einer Tür, einer Gardine o. Ä. verstecken und den Hund dann zu sich rufen. Geben Sie ihm so wenig Hilfestellung wie möglich und belohnen Sie ihn mit einer Qualitätsbelohnung, wenn er Sie nach dem eifrigen Suchen schließlich findet. Die Rückruf-Basisübung (Signalverknüpfung) sollte weiterhin drinnen wie draußen zum Alltagsprogramm gehören.

Die seit der zweiten Woche zu Hause trainierte Blickkontaktübung (Dauerkonzentration) soll nun auch draußen umgesetzt werden. Sie wird im Trainingsprogramm als Blick-Konzentration bezeichnet.

Im Laufen die Konzentration auf den Besitzer richten zu können, ist das Resultat täglichen Trainings im Alltag.

Tag	zu Hause:	draußen:
29	– Basisübung Rückruf	– Basisübung Rückruf
	– Basisübung Leinenführigkeit	– Basisübung Leinenführigkeit
	– Basisübung Lobwort	– Basisübung Lobwort
	– Basisübung Blick-Konzentration	– Basisübung Blickkontakt
	– BLEIB	– SITZ
	– Berührungen erdulden	– PLATZ
	– Maulkorbtraining	– AUS
	– AUS	– nah herankommen
	– aktiver Rückruf	– Blick-Konzentration
30	– Basisübung Rückruf	– Basisübung Rückruf
	– Basisübung Leinenführigkeit	– Basisübung Leinenführigkeit
	– Basisübung Lobwort	– Basisübung Lobwort
	– Basisübung Blick-Konzentration	– Basisübung Blickkontakt
	– SITZ	– SITZ
	– Berührungen erdulden	– BLEIB
	– Maulkorbtraining	– Abbruchsignal
	– AUS	– Maulkorbtraining
	– PLATZ	– Blick-Konzentration
31	– Basisübung Rückruf	– Basisübung Rückruf
	– Basisübung Leinenführigkeit	– Basisübung Leinenführigkeit
	– Basisübung Lobwort	– Basisübung Lobwort
	– Basisübung Blick-Konzentration	– Basisübung Blickkontakt
	– PLATZ	– Blick-Konzentration
	– Berührungen erdulden	– BLEIB
	– Maulkorbtraining	– Berührungen erdulden
	– AUS	– nah herankommen
	– nah herankommen	– Abbruchsignal
32	– Basisübung Rückruf	– Basisübung Rückruf
	– Basisübung Leinenführigkeit	– Basisübung Leinenführigkeit
	– Basisübung Lobwort	– Basisübung Lobwort
	– Basisübung Blick-Konzentration	– Basisübung Blickkontakt
	– BLEIB	– BLEIB
	– nah herankommen	– Blick-Konzentration

Tag	zu Hause:	draußen:
	– Maulkorbtraining – AUS – Abbruchsignal	– AUS – Maulkorbtraining – Seitenwechsel
33	– Basisübung Rückruf – Basisübung Leinenführigkeit – Basisübung Lobwort – Basisübung Blick-Konzentration – BLEIB – nah herankommen – Berührungen erdulden – aktiver Rückruf – AUS	– Basisübung Rückruf – Basisübung Leinenführigkeit – Basisübung Lobwort – Basisübung Blickkontakt – BLEIB – AUS – Seitenwechsel – Berührungen erdulden – Blick-Konzentration
34	– Basisübung Rückruf – Basisübung Leinenführigkeit – Basisübung Lobwort – Basisübung Blick-Konzentration – SITZ – PLATZ – AUS – BLEIB – Abbruchsignal	– Basisübung Rückruf – Basisübung Leinenführigkeit – Basisübung Lobwort – Basisübung Blickkontakt – SITZ – Blick-Konzentration – BLEIB – Abbruchsignal – Maulkorbtraining
35	– Basisübung Rückruf – Basisübung Leinenführigkeit – Basisübung Lobwort – Basisübung Blick-Konzentration – aktiver Rückruf – Berührungen erdulden – Maulkorbtraining – Abbruchsignal – BLEIB	– Basisübung Rückruf – Basisübung Leinenführigkeit – Basisübung Lobwort – Basisübung Blickkontakt – Blick-Konzentration – Berührungen erdulden – AUS – nah herankommen – Seitenwechsel

Übungspool

In den folgenden Tabellen finden Sie die jeweils nächsten Lernschritte zu den im Übungsaufbau ab Seite 62 aufgeführten Übungen.

Da jeder Hund seine Stärken und Schwächen hat, ist es sinnvoll, das Training individuell an das augenblickliche Leistungsniveau des Hundes anzupassen.

Bleiben Sie am Ball und notieren Sie sich mit einem einfachen Häkchen kurz, ob die Übung gelungen ist. So behalten Sie leicht den Überblick und sind davor gefeit, den Schwierigkeitsgrad der Übung zu steigern, bevor Ihr Hund wirklich bereit dazu ist.

In der Tabelle finden Sie bei Übungen, deren Schwierigkeitsgrad gesteigert wird, jeweils fünf Kästchen zum Abhaken. Dies stellt eine absolute Minimumanforderung dar. Besser wären zehn oder noch mehr Wiederholungen auf demselben Niveau, um die Übung noch weiter zu festigen. Seien Sie daher stets ehrlich bei den Eintragungen und setzen Sie Ihren Haken wirklich nur, wenn alles hundertprozentig geklappt hat. Übrigens erfüllen Sie einzig bei ehrlichem Handeln in der Ausbildung Ihres Hundes die Kriterien, die er von Ihnen als Gruppenleiter erwartet, nämlich neben Souveränität und Weitblick auch gute Führung und gerechte Behandlung (d. h., keinen falschen Ehrgeiz, Wut oder Missmut, wenn einmal etwas nicht gelingt). Ihr Hund setzt sein ganzes Vertrauen in Ihre Stärken.

Tipp

In einer Familie ist es sinnvoll, die Tabellen zu kopieren oder in die Kästchen jeweils kleine Häkchen mit farbigen Stiften zu machen, damit jeder, der sich am Training beteiligt, eine eigene Kontrollmöglichkeit hat.

Nach einer gelungenen Trainings- und Spielsitzung geht es nun nach Hause.

Übung: Lobwort

Übungsort: zu Hause und draußen

Woche 1:

Trainingsaufbau-Übung: Sprechen Sie in einem freundlichen Tonfall Ihr Lobwort aus und stecken Sie Ihrem Hund direkt danach ein kleines, besonders schmackhaftes Leckerchen zu. Wiederholen Sie dies 15 Mal hintereinander. Diese Übung soll täglich zu Hause und draußen trainiert werden.

Tag 1	Tag 2	Tag 3	Tag 4	Tag 5	Tag 6	Tag 7

Woche 2:

Tag 8	Tag 9	Tag 10	Tag 11	Tag 12	Tag 13	Tag 14

Woche 3–5:

Das Lobwort wird zur **Basis-Übung**. Bei jeder gelungenen Übung soll das Lobwort nun zum Einsatz kommen. Aber Achtung: Sowohl die Übungen als auch das Lobwort selbst sind noch im Stadium des Trainingsaufbaus. Das bedeutet, dass das Lobwort (bzw. die Leistung, die der Hund gezeigt hat) nach dem Einsatz des Lobwortes stets trotzdem mit einer Futterbelohnung verstärkt wird.

Übung: Blickkontakt

Übungsort: draußen

Woche 1:

Trainingsaufbau-Übung: Stecken Sie Ihrem Hund jeweils ein Häppchen zu, wenn er eigenständig Blickkontakt zu Ihnen aufnimmt (vgl. S. 65).

Tag 1	Tag 2	Tag 3	Tag 4	Tag 5	Tag 6	Tag 7

Woche 2:

Tag 8	Tag 9	Tag 10	Tag 11	Tag 12	Tag 13	Tag 14

Woche 3 und 4:

Der Blickkontakt wird zur Basisübung. Inhaltlich ändert sich beim Training draußen nichts.

Tag 15	Tag 16	Tag 17	Tag 18	Tag 19	Tag 20	Tag 21

Tag 22	Tag 23	Tag 24	Tag 25	Tag 26	Tag 27	Tag 28

Woche 5:

Der Blickkontakt ist weiterhin eine Basisübung. Inhaltlich ändert sich beim Training draußen nichts: Jeder **Blickkontakt** wird belohnt.

Tag 29	Tag 30	Tag 31	Tag 32	Tag 33	Tag 34	Tag 35

Zusätzlich wird in dieser Woche draußen auch die Übung **Blick-Konzentration** geübt. Die Trainingszeit beträgt eine Minute.

Tag 29	Tag 30	Tag 31	Tag 32	Tag 33	Tag 34	Tag 35

Woche 3:

Übungsort: zu Hause

Der Blickkontakt wird zur **Basis-Übung.** Zu Hause soll nun eine abgewandelte Form des Blickkontakts geübt werden. Diese Übung wird als Blick-Konzentration bezeichnet. Der Übungsaufbau ist auf Seite 93 beschrieben. In dieser Woche soll die Übung auf eine Minute begrenzt werden.

Tag 15	Tag 16	Tag 17	Tag 18	Tag 19	Tag 20	Tag 21

Woche 4:

Übungsort: zu Hause

Die Blick-Konzentration soll auf eineinhalb Minuten ausgedehnt werden.

Tag 22	Tag 23	Tag 24	Tag 25	Tag 26	Tag 27	Tag 28

Woche 5:

Übungsort: zu Hause

Die Blick-Konzentration soll auf zwei Minuten ausgedehnt werden.

Tag 29	Tag 30	Tag 31	Tag 32	Tag 33	Tag 34	Tag 35

Übung: Leinenführigkeit

Übungsort: zu Hause

Woche 1:

Rufen Sie Ihren Hund zu sich, greifen Sie von unten an sein Halsband, befestigen Sie dort die Leine und stecken Sie ihm danach ein kleines Belohnungshäppchen zu. Leinen Sie ihn anschließend wieder ab.					
Füllen Sie einen Teil der Mahlzeit in den Hundenapf. Rufen Sie dann Ihren Hund und befestigen Sie wie gewohnt die Leine an seinem Halsband. Nehmen Sie nun den Napf in die Hand und führen Sie Ihren angeleinten Hund einmal durchs Zimmer. Stellen Sie ihm den Napf als Belohnung hin, wenn er fünf bis zehn Schritte neben Ihnen gelaufen ist, ohne zu springen.					
Wiederholen Sie diese Übung und durchschreiten Sie diesmal die ganze Wohnung. Stellen Sie ihm den Napf als Belohnung hin, wenn er freudig mitläuft, ohne zu springen.					

Übungsort: draußen

Belohnen Sie Ihren Hund stets, wenn er an lockerer Leine neben Ihnen läuft.
Setzen Sie außerdem täglich die Grundübung zur Leinenführigkeit um, wie sie auf Seite 67 beschrieben ist.

Tag 1	Tag 2	Tag 3	Tag 4	Tag 5	Tag 6	Tag 7

Woche 2-5:

Die Übung Leinenführigkeit wird zur **Basis-Übung**. Setzen Sie täglich die bereits in der ersten Woche geübten Grundübungen um und bedienen Sie sich unter Umständen zusätzlich eines schmerzfreien Hilfsmittels, das ein starkes Ziehen des Hundes verhindert. Achtung: Gegebenenfalls ist hier ein Vortraining zur Eingewöhnung an das Hilfsmittel erforderlich. Ritualisieren Sie bei den Übungen zur Leinenführigkeit im Haus auch das ruhige Verhalten beim An- und Ableinen.

Übung: Rückruf (Signalaufbau)

Übungsort: zu Hause und draußen

Woche 1:

Übung zur **Signalverknüpfung**: Halten Sie Ihren Hund an der Leine. Sprechen Sie nun das Rückrufsignal so aus, als ob Ihr Hund sich etwa 30 Meter entfernt aufhalten würde. Stecken Sie ihm direkt danach ein Leckerchen zu. Benutzen Sie in dieser Übung ganz besonders schmackhafte Häppchen. Wiederholen Sie dies mit etwa 20 Futterstückchen.

Tag 1	Tag 2	Tag 3	Tag 4	Tag 5	Tag 6	Tag 7

Woche 2–5:

Die Übung zum Signalaufbau wird zur **Basisübung**. Üben Sie diese Verknüpfungsübung täglich drinnen und draußen, wie bereits in der ersten Woche des Intensivtrainingsprogramms.

Tag 8	Tag 9	Tag 10	Tag 11	Tag 12	Tag 13	Tag 14

Tag 15	Tag 16	Tag 17	Tag 18	Tag 19	Tag 20	Tag 21

Tag 22	Tag 23	Tag 24	Tag 25	Tag 26	Tag 27	Tag 28

Tag 29	Tag 30	Tag 21	Tag 32	Tag 33	Tag 34	Tag 35

Woche 3–4:

Aktiver Rückruf

Übungsort: draußen; Training im Freilaufgebiet (möglichst ohne Ablenkung)

1) Beobachten Sie Ihren Hund im Freilauf genau. Sprechen Sie das Rückrufsignal aus, wenn er sich Ihnen aus freien Stücken annähert und nur noch etwa einen Meter von Ihnen entfernt ist. Geben Sie ihm danach seine Lieblingsbelohnung und entlassen Sie ihn wieder (Einsatz des Freizeitsignals).					
2) Suchen Sie zu einer Zeit mit wenig Trubel ein möglichst großes Freilaufgebiet auf. Lassen Sie Ihren Hund laufen und entfernen Sie sich konsequent immer in entgegengesetzter Richtung zu der, in die Ihr Hund gerade geht. Nehmen Sie keine Rücksicht auf Ihren Hund und laufen Sie, falls möglich, gradlinig weiter, bis sich Ihr Hund bei Ihnen einfindet. Sprechen Sie das Rückrufsignal aus, wenn er zielgerichtet auf Sie zuläuft und noch etwa einen Meter Abstand zu Ihnen hat. Belohnen Sie ihn mit seiner Lieblingsbelohnung und entlassen Sie ihn wieder (Einsatz des Freizeitsignals).					

3) Verfahren Sie in gleicher Art wie in der ersten oder zweiten Übung, aber leinen Sie den Hund nach der Belohnung für das Kommen an. Führen Sie ihn einige Schritte an der Leine und entlassen Sie ihn dann wieder in den Freilauf (eventuell Kombination mit SITZ-Übung beim Ableinen).					
4) Lassen Sie den Hund von einer ihm vertrauten Person festhalten. Entfernen Sie sich rennend von Ihrem Hund, nachdem Sie ihn einmal kurz an seiner Belohnung haben schnüffeln lassen. Rufen Sie ihn dann einmal aus der Entfernung. Ihre Hilfsperson soll den Hund genau im Moment Ihres Rufes loslassen. Belohnen Sie Ihren Hund mit seiner Lieblingsbelohnung, sobald er bei Ihnen ist.					
5) Verfahren Sie wie bei der letzten Übung, aber wählen Sie einen Weg, der dem Hund etwas mehr „Leistung" abverlangt (beispielsweise indem Sie über ein paar große Steine klettern, über eine Brücke laufen usw.).					
6) Verfahren Sie wie in der letzten Übung, aber reizen Sie den Hund jetzt nicht mehr mit seiner Belohnung an, bevor Sie weglaufen. Belohnen Sie ihn, sobald er bei Ihnen ist, aber nach wie vor mit seiner Lieblingsbelohnung.					
7) Rufen Sie Ihren Hund, wenn er im Freilauf Blickkontakt zu Ihnen aufnimmt. Belohnen Sie ihn mit seiner Lieblingsbelohnung, wenn er bei Ihnen ist, und entlassen Sie ihn (mit dem Freizeitsignal) wieder in den Freilauf.					
8) Verstecken Sie sich hinter einem Baum o. Ä., wenn Ihr Hund im Freilauf sehr unaufmerksam war. Rufen Sie ihn einmal, wenn er beginnt, Sie zu suchen. Belohnen Sie ihn wie gewohnt mit seiner Lieblingsbelohnung und entlassen Sie ihn wieder in den Freilauf.					
Training unter leichter Ablenkung (beispielsweise Anwesenheit eines Hundefreundes, nachdem die Hunde bereits getobt haben):					
Wiederholung der aktiven Rückrufübung 1.					
Wiederholung der aktiven Rückrufübung 3.					
Wiederholung der aktiven Rückrufübung 4.					
Wiederholung der aktiven Rückrufübung 5.					
Wiederholung der aktiven Rückrufübung 6.					
Wiederholung der aktiven Rückrufübung 7.					
Wiederholung der aktiven Rückrufübung 8.					
Training unter starker Ablenkung (beispielsweise Anwesenheit eines engen Hundefreundes kurz nach der Begrüßung oder andere Ablenkungen durch Menschen, Futterverleitungen usw.):					
Wiederholung der aktiven Rückrufübung 1, jedoch soll nun das Rückrufsignal bei einer Entfernung von etwa 10 Metern benutzt werden.					

Wiederholung der aktiven Rückrufübung 3, jedoch soll nun das Rückrufsignal bei einer Entfernung von etwa 10 Metern benutzt werden.					
Wiederholung der aktiven Rückrufübung 5.					
Wiederholung der aktiven Rückrufübung 6.					
Wiederholung der aktiven Rückrufübung 7.					
Wiederholung der aktiven Rückrufübung 8.					
Rufen Sie Ihren Hund in einem beliebigen Moment zu sich heran. Belohnen Sie ihn mit seiner Lieblingsbelohnung.					

Woche 5:

Aktiver Rückruf

Übungsort: zu Hause

Benutzen Sie das Rückrufsignal im Rahmen von Versteckübungen, die Sie zu Hause mit Ihrem Hund umsetzen. Hierbei kann sich die ganze Familie beteiligen. Auch Kombinationen mit den aktiven Rückrufübungen 4-6, wie sie schon in den letzten Wochen draußen geübt wurden, sind möglich. Belohnen Sie Ihren Hund auch im Haus für das Befolgen des Rückrufsignals stets mit seiner Lieblingsbelohnung und beenden Sie die Übung mit dem Freizeitsignal. Üben Sie den aktiven Rückruf draußen erst, wenn diese Übung zu Hause stets fehlerfrei gelingt.

Tag 29	Tag 30	Tag 21	Tag 32	Tag 33	Tag 34	Tag 35

Übung: Abbruchsignal

Übungsort: zu Hause und draußen

Woche 1:

Trainingsaufbau-Übung: Beginnen Sie das Training so, wie auf Seite 71 beschrieben.

Tag 1	Tag 2	Tag 3	Tag 4	Tag 5	Tag 6	Tag 7

Woche 2–5:

Übungsort: zu Hause und draußen

1) Legen Sie vor den Augen Ihres Hundes ein Futterstück auf den Boden und benutzen Sie einmal das Abbruchsignal, wenn er sich anschickt, das Leckerchen zu fressen. Sichern Sie es notfalls mit dem Fuß oder heben Sie es auf, damit er auf keinen Fall einen Erfolg mit einem Fehlverhalten haben kann. Warten Sie ansonsten geduldig auf eine erwünschte Reaktion und eigene Korrektur Ihres Hundes. Belohnen Sie ihn dafür mit einem Leckerchen, das aus Hundesicht wertvoller ist als die Verleitung.					

2) Leinen Sie Ihren Hund an einem festen Gegenstand an oder stellen Sie sich so mit Ihrem Fuß auf die Leine, dass er keinen Zug am Halsband spürt, aber keinerlei Raumfreiheit hat. Werfen Sie dann ein Verleitungsleckerchen außerhalb der Reichweite Ihres Hundes (Achtung: Kalkulieren Sie die Pfotenlänge mit ein, denn Hunde sind erfinderisch!) auf den Boden und setzen Sie das Abbruchsignal ein, wenn Ihr Hund sich in Richtung der Verleitung orientiert. Warten Sie, bis er sich selbst korrigiert, und belohnen Sie dieses Verhalten.					
3) Legen Sie eine Verleitung auf den Boden und führen Sie Ihren Hund aus einer gewissen Entfernung kommend angeleint an die Verleitung heran. Korrigieren Sie ihn mit dem Abbruchsignal etwa einen Meter vor Erreichen der Verleitung, wenn er sein Interesse darauf richtet. Bleiben Sie gleichzeitig stehen, aber vermeiden Sie Manipulationen an der Leine. Warten Sie, bis sich Ihr Hund selbstständig korrigiert, und belohnen Sie ihn dafür. Entfernen Sie sich dann von der Verleitung und bereiten Sie Ihrem Hund das Mitgehen mit Ihnen freudig (z. B. indem Sie mit ihm spielen).					
4) Wiederholen Sie diese Übung mit Unrat (Reste von Nahrungsmitteln, gegebenenfalls Hundekot, Verpackungen usw.), den Sie zufällig draußen finden.					
Wiederholen Sie die Übung 2 mit dem nicht angeleinten Hund.					
Wiederholen Sie die Übung 3 mit dem nicht angeleinten Hund.					
Wiederholen Sie die Übung 4 mit dem nicht angeleinten Hund.					
Bitten Sie eine dem Hund vertraute Person, ihn zu sich zu locken, während Sie ihn an der Leine halten. Setzen Sie das Abbruchsignal ein, sobald Ihr Hund sich der Person nähern möchte, und halten Sie die Leine so kurz, dass er die Person nicht erreichen kann. Warten Sie, bis sich Ihr Hund eigenständig korrigiert, und belohnen Sie ihn mit einer Qualitätsbelohnung. Erteilen Sie ihm dann die Erlaubnis, zu der Person zu laufen. Geben Sie ihm gleichzeitig die entsprechende Leinenlänge.					
Wiederholen Sie diese Übung mit einer anderen, dem Hund ebenfalls vertrauten Person.					
Wiederholen Sie diese Übung mit einer weiteren, dem Hund ebenfalls vertrauten Person.					
2) Wiederholen Sie diese Übung mit einer dem Hund nicht vertrauten Person.					
Wiederholen Sie diese Übung mit einer weiteren dem Hund nicht vertrauten Person.					
Wiederholen Sie diese Übung mit dem nicht angeleinten Hund. Achtung: Sollte er einen Fehler machen, darf Ihre Hilfsperson dem Hund keinerlei Feedback geben. Sie sollte zur Salzsäule erstarren und sich gegebenenfalls zusätzlich von ihm abwenden. Gehen Sie im Falle eines Fehlers einen Lernschritt zurück.					

Setzen Sie das Abbruchsignal im Alltag ein, wenn es erforderlich erscheint. Belohnen Sie das erwünschte artige Verhalten, nämlich wenn ihr Hund seine Handlung abbricht, mit einer Qualitätsbelohnung!					

Übung: SITZ

Übungsort: zu Hause und draußen

Woche 1–5:					
Trainingsaufbau-Übung: Beginnen Sie das Training so, wie auf Seite 73 beschrieben.					
1) Wiederholen Sie die Übung wie im Trainingsaufbau, aber halten Sie nun kein Lockleckerchen mehr in der Hand.					
2) Wiederholen Sie die Übung und achten Sie darauf, sich nicht zum Hund hinunterzubeugen, falls dies zunächst der Fall war.					
3) Arbeiten Sie nun an der Zuverlässigkeit des Sprachkommandos, indem Sie erst nur das Wort benutzen. Setzen Sie das Sichtzeichen nur für den Fall ein, dass Ihr Hund die Handlung nicht umgehend ausführt. Belohnen Sie ihn wie gewohnt, sobald er sitzt. Lösen Sie danach die Übung mit dem Freizeitsignal auf.					
4) Üben Sie in einem Block von zehn Wiederholungen immer SITZ (jeweils aufgelöst mit dem Freizeitsignal). Verwenden Sie wahlweise das Sprachkommando oder das Sichtzeichen.					
5) Steigern Sie nun langsam das Maß an Ablenkungen. Wiederholen Sie die Übung 3 in Anwesenheit anderer Personen oder dem Hund gut vertrauter Artgenossen.					
Wiederholen Sie auch die Übung 5 unter demselben Maß an Ablenkung.					
Verändern Sie Ihre Körperposition. Setzen Sie sich beispielsweise auf den Boden und verlangen Sie SITZ. Belohnen Sie Ihren Hund, wenn er Folge leistet. Geben Sie anderenfalls Hilfestellung über das Sichtzeichen.					
Wiederholen Sie diese Übung mit einer anderen Körperhaltung. Körperhaltung:					
Wiederholen Sie diese Übung mit einer anderen Körperhaltung. Körperhaltung:					
Wiederholen Sie diese Übung mit einer anderen Körperhaltung. Körperhaltung:					
Wiederholen Sie diese Übung mit einer anderen Körperhaltung. Körperhaltung:					
Wiederholen Sie diese Übung mit einer anderen Körperhaltung. Körperhaltung:					

Verlangen Sie SITZ für 10 Sekunden. Belohnen Sie Ihren Hund und lösen Sie dann die Übung auf.					
Steigern Sie die Dauer der SITZ-Übung auf 20 Sekunden.					
Steigern Sie die Dauer der SITZ-Übung auf 30 Sekunden.					
Steigern Sie die Dauer der SITZ-Übung auf eine Minute.					
Verlangen Sie SITZ und schnüren Sie sich die Schuhe. Belohnen Sie Ihren Hund, wenn er sitzen bleibt, und lösen Sie dann die Übung auf.					
Verlangen Sie SITZ, während Sie einen anderen Menschen (gegebenenfalls eine Hilfsperson) mit Handschlag begrüßen.					
Verlangen Sie SITZ, während Sie an einem Kiosk oder Automaten etwas kaufen.					
Verlangen Sie SITZ, während andere Menschen an Ihrem Hund vorbeigehen (Bushaltestellen-Situation).					
Verlangen Sie SITZ, während andere Hunde an Ihnen vorbeigeführt werden (angeleint bzw. auf den anderen Halter konzentriert).					

Übung: PLATZ

Übungsort: zu Hause und draußen

Woche 1–5:

Trainingsaufbau-Übung: Beginnen Sie das Training so, wie die Übung auf Seite 74 beschrieben ist.					
1) Wiederholen Sie die Übung wie im Trainingsaufbau, aber halten Sie nun kein Lockleckerchen mehr in der Hand. Sollte das noch nicht gelingen, halten Sie ein Lockleckerchen in der Hand, was aber nicht mehr als Belohnung verwendet wird. Belohnen Sie Ihren Hund dann mit einem (leckereren) Futterstückchen aus der anderen Hand.					
2) Versuchen Sie in dieser Übung nach und nach sich immer weniger zum Hund bzw. Boden hinunterzubücken, geben Sie das Sichtzeichen also nicht mehr so bodennah. Belohnen Sie Ihren Hund, wenn er brav Folge leistet.					
3) Vermitteln Sie Ihrem Hund, dass er solange liegen bleiben soll, bis die Übung von Ihnen aufgelöst wird. Verfahren Sie folgendermaßen: Legen Sie Ihrem Hund, wenn er nach dem Kommando bereits liegt, zwischen die Vorderläufe zwei bis drei kleine Stückchen Futter, die er fressen darf, während Sie sich selbst aufrichten. Legen Sie dann sofort weitere Futterstückchen nach, wenn Ihr Hund noch nicht aufgestanden ist. Wiederholen Sie dies und lösen Sie dann in einem Moment, in dem der Hund noch liegt, die Übung auf (Freizeitsignal).					

4) Wiederholen Sie die letzte Übung und dehnen Sie dann schrittweise die Zeit zwischen dem „Nachladen" der nächsten Leckerchen aus.					
5) Arbeiten Sie nun an der Zuverlässigkeit des Sprachkommandos, indem Sie erst nur das Wort benutzen. Setzen Sie das Sichtzeichen nur für den Fall ein, dass Ihr Hund die Handlung nicht umgehend ausführt. Belohnen Sie ihn wie gewohnt, sobald er liegt. Lösen Sie danach die Übung mit dem Freizeitsignal auf.					
6) Üben Sie in einem Block von zehn Wiederholungen immer PLATZ (jeweils aufgelöst mit dem Freizeitsignal). Verwenden Sie wahlweise das Sprachkommando oder das Sichtzeichen.					
Steigern Sie nun langsam das Maß an Ablenkungen. Wiederholen Sie Übung 4, während andere Personen oder dem Hund gut vertraute Artgenossen anwesend sind.					
Wiederholen Sie auch Übung 5 unter demselben Maß an Ablenkung.					
Verändern Sie Ihre Körperposition. Setzen Sie sich beispielsweise auf den Boden und verlangen Sie PLATZ. Belohnen Sie Ihren Hund, wenn er Folge leistet. Geben Sie anderenfalls Hilfestellung über das Sichtzeichen.					
Wiederholen Sie diese Übung mit einer anderen Körperhaltung. Körperhaltung:					

Wiederholen Sie diese Übung mit einer anderen Körperhaltung. Körperhaltung:					
Wiederholen Sie diese Übung mit einer anderen Körperhaltung. Körperhaltung:					
Wiederholen Sie diese Übung mit einer anderen Körperhaltung. Körperhaltung:					
Wiederholen Sie diese Übung mit einer anderen Körperhaltung. Körperhaltung:					
Verlangen Sie PLATZ für 10 Sekunden. Belohnen Sie Ihren Hund und lösen Sie dann die Übung auf.					
Steigern Sie die Dauer der PLATZ-Übung auf 20 Sekunden.					
Steigern Sie die Dauer der PLATZ-Übung auf 30 Sekunden.					
Steigern Sie die Dauer der PLATZ-Übung auf eine Minute.					
Verlangen Sie PLATZ und schnüren Sie sich die Schuhe. Belohnen Sie Ihren Hund, wenn er liegen bleibt und lösen Sie dann die Übung auf.					
Verlangen Sie PLATZ, während Sie in einer Tasche wühlen, die Sie auf den Boden gestellt haben.					
Verlangen Sie PLATZ, während Sie in einer gewissen Entfernung zu einer besonderen Ablenkung (z. B. einer Sportveranstaltung) auf einer Bank sitzen.					
Verlangen Sie PLATZ (BLEIB), während Sie ein Spielzeug oder Futterstückchen für Ihren Hund verstecken. Kehren Sie dann zu Ihrem Hund zurück und lassen Sie es ihn suchen.					
Verlangen Sie PLATZ unter dem Tisch in einem ruhigen Lokal.					

Übung: nah herankommen (Grundposition)

Übungsort: zu Hause und draußen

Woche 1–5:					
Setzen Sie die Trainingsaufbau-Übung um, wie sie auf Seite 75 beschrieben ist.					
Wiederholen Sie die Übung, aber halten Sie kein Lockmittel mehr in der Hand.					
Wiederholen Sie die Übung, belohnen Sie ihn, wenn Ihr Hund sich in der Grundposition eng und parallel neben Ihnen einfindet. Treten Sie dann, während der Hund noch sitzt, einen Schritt vor ihn, sodass sie frontal vor ihm stehen. Wiederholen Sie dann die Übung.					

Dirigieren Sie Ihren Hund in die Grundstellung. Belohnen Sie ihn, wenn er alles richtig macht, und treten Sie dann einen Schritt nach rechts (wenn Ihr Hund links geführt wird, sonst spielgelverkehrt) und wiederholen Sie die Übung. Hinweis: Es ist kein Fehler, wenn der Hund Ihnen seitlich nachrutscht, statt hinten um Sie herum zu laufen. Lassen Sie ihn hier ruhig seinen eigenen Weg finden.					
Führen Sie das Sprachkommando für die Grundstellung (z. B. FUSS) ein. Achten Sie auf die zeitliche Abfolge der Ereignisse: erst das Sprachkommando, dann das Sichtzeichen. Belohnen Sie Ihren Hund in der Grundposition.					
Wiederholen Sie die Übung in einem Block von etwa zehn Wiederholungen. Verwenden Sie in diesem Durchlauf mal das Sichtzeichen und mal das Sprachkommando. Belohnen Sie Ihren Hund, wenn er alles richtig macht.					
Dehnen Sie die Zeit aus, die der Hund in der Grundposition sitzen soll, bevor Sie ihn belohnen bzw. die Übung mit dem Freizeitzeichen oder einem anderen Signal ablösen.					
Kombinieren Sie diese Übung mit einer aktiven Rückrufübung und weisen Sie Ihren Hund, kurz bevor er bei Ihnen ist, an, sich an Ihrer Seite in der Grundstellung einzufinden. Belohnen Sie ihn und lösen Sie dann die Übung auf.					
Verlangen Sie diese Übung nun, wenn in der Umgebung etwas mehr Trubel herrscht. Passen Sie die Qualität der Belohnung dem Maß an Ablenkungen an.					
Verlangen Sie diese Übung unter einem noch höheren Maß an Ablenkungen (z. B. im Freilaufgebiet, in Anwesenheit einiger Hundefreunde). Belohnen Sie den Hund auch hier seiner Leistung entsprechend.					
Weisen Sei Ihren Hund an, sich in der Grundstellung an Ihrer Seite einzufinden, während Sie z. B. an einem Kiosk oder einem Automaten etwas kaufen.					
Lassen Sie Ihren Hund in der Grundstellung neben sich sitzen, während andere Menschen oder Hunde (angeleint geführt) Ihren Weg kreuzen.					
Verlangen Sie diese Übung unter einem hohen Maß an Ablenkung im Stadtbereich.					

Übung: Seitenwechsel

Übungsort: zu Hause und draußen

Woche 2:

Führen Sie die Trainingsaufbau-Übung durch, wie sie auf Seite 76 beschrieben ist.					

Woche 3–5:

Übungsort: draußen

Wiederholen Sie die Übung des Trainingsaufbaus, aber versuchen Sie diesmal bei der Durchführung des Seitenwechsels selbst nicht mehr stehen zu bleiben.					
Wiederholen Sie die Übung (Seitenwechsel in der Bewegung), aber ohne ein Lockmittel in der Hand zu halten.					
Führen Sie ein Sprachkommando ein. Achten Sie auf die Reihenfolge der Ereignisse: Erst das Sprachkommando (z. B. VELO, SEITE), dann die Hilfestellung über das Sichtzeichen, das sich aus der Lockbewegung ergeben hat.					
Üben Sie nun diese Übung auch spiegelverkehrt, d. h. der Hund soll von der „falschen“ Seite zurück auf die ihm besser vertraute Seite (die Seite der Grundstellung) gerufen werden. Sollte Ihr Hund bereits das Sprachkommando (z. B. FUSS) für das Einfinden in der Grundposition kennen, kann dies verwendet werden. Achten Sie aber darauf, dass in dieser Übung möglichst der Bewegungsfluss nicht unterbrochen wird.					
Setzen Sie diese Übung nun im Alltag um, wenn Ihnen jemand entgegenkommt. Geben Sie Ihrem Hund die erforderliche Hilfestellung, die für ein fehlerfreies Gelingen dieser Übung erforderlich ist.					
Wiederholen Sie die Alltagsvariante mit immer weniger Hilfestellung.					
Wiederholen Sie die Alltagsvariante im Stadtbereich in beide Richtungen, je nachdem auf welcher Seite Ihnen Personen entgegenkommen.					
Wiederholen Sie diese Übung, wenn Ihnen andere Hunde-Halter-Teams (der fremde Hund sollte an der Leine geführt werden) entgegenkommen. Setzen Sie hier das Maß an Hilfestellungen ein, das für ein fehlerfreies Gelingen der Übung erforderlich ist.					
Wiederholen Sie die letzte Übung mit immer weniger Hilfestellung, bis Ihr Hund schließlich auf das bloße Sprachkommando hin hinter Ihrem Rücken die Seite wechselt.					

Übung: Maulkorbtraining

Übungsort: zu Hause und draußen

Woche 2–5:					
Führen Sie die Trainingsaufbau-Übung durch, wie sie auf Seite 78 beschrieben ist.					
Können Sie Ihrem Hund Freude anmerken, wenn die Maulkorbübung beginnt? Verändern Sie nun folgendes Detail: Legen Sie Ihrem Hund keine Futterstückchen mehr in den Maulkorb, die er von innen fressen kann, sondern schieben Sie nah an der Nasenplatte flache Leckerchen seitlich durch die Gitterstäbe. Ihr Hund soll die Leckerchen von innen fressen, während Sie von außen nachschieben.					
Wiederholen Sie diese Übung und schieben sie etwas langsamer, sodass der Hund seine Schnauze zeitlich gesehen länger im Maulkorb belässt.					
Schließen Sie den Maulkorb in der weitesten Einstellung, die das Verschlussband zulässt, bevor Sie die Übung starten. Lassen Sie Ihren Hund wie gewohnt Futter aus dem Maulkorb fressen und stülpen Sie ihm mit einer Hand das Befestigungsband einmal über den Kopf, sodass es hinter den Ohren zu liegen kommt. Halten Sie den Maulkorb mit der anderen Hand von unten fest. Stecken Sie ihm seitlich ein Leckerchen durch das Gitter zu. Nehmen Sie ihm direkt danach den Maulkorb wieder ab.					
Wiederholen Sie diese Übung und stecken Sie ihm im Takt weniger Sekunden mehrere Leckerchen zu, während er den Maulkorb trägt. Halten Sie diesen während der gesamten Übung mit einer Hand fest.					
Wiederholen Sie diese Übung und gehen Sie dann einen kleinen Schritt rückwärts. Locken Sie Ihren Hund, sodass er Ihnen folgt. Stecken Sie Ihrem Hund wiederum ein Leckerchen durch das Gitter zu und beenden Sie die Übung, indem Sie dem Hund den Maulkorb wieder abnehmen.					
Führen Sie jetzt eine weitere Veränderung ein. Setzen Sie Ihrem Hund den Maulkorb wie gewohnt auf, lassen Sie ihn los, greifen Sie direkt danach wieder nach dem Maulkorb und stecken Sie ihm ein Leckerchen durch das Gitter zu. (Das Greifen ist erforderlich, da es einem sonst meist nicht gelingt, ein Leckerchen durch das Gitter zu stecken).					
Wiederholen Sie diese Übung (Loslassen des und Greifen nach dem Maulkorb) nun in der Bewegung (langsam rückwärtsgehend).					
Setzen Sie Ihrem Hund den Maulkorb auf. Verlangen Sie SITZ, greifen Sie nach dem Maulkorb und stecken Sie Ihrem Hund ein Leckerchen zu. Gehen Sie dann einen Schritt rückwärts. Rufen Sie Ihren Hund zu sich. Greifen Sie nach dem Maulkorb und stecken Sie Ihrem Hund durch das Gitter ein Leckerchen zu.					

Dehnen Sie nun schrittweise in Steigerungen um jeweils 10 bis 20 Sekunden die Zeit aus, die der Hund den Maulkorb trägt. Konzentrieren Sie den Hund, während er den Maulkorb trägt, auf andere Übungen (z. B. SITZ, Leinenführigkeit, Grundposition, Seitenwechsel), damit er nicht auf „dumme Gedanken" kommt. Belohnen Sie ihn zwischenzeitlich immer wieder mit einem Leckerchen, das Sie ihm durch die Gitterstäbe reichen.					
Wenn Ihr Hund den Maulkorb problemlos für etwa zwei Minuten tragen kann, geht es darum, dass Sie ihn daran gewöhnen, dass er den Maulkorb aufgesetzt bekommt und Sie dann das Befestigungsband in der richtigen Passform einstellen. Dies sollte nach den Vorübungen kein Problem mehr darstellen. Falls doch, wiederholen Sie bitte die letzte Übung mehrfach. Die richtige Einstellung des Maulkorbes ist erreicht, wenn Sie es nicht mehr schaffen, dem Hund den Maulkorb von der Nase abzuziehen (bei einigen Rassen sind Spezialanfertigungen erforderlich, um dies zu gewährleisten).					
Dehnen Sie nun die Zeitdauer, die der Hund den Maulkorb in richtiger Passform trägt, auf bis zu einer halben Stunde (und später noch länger) aus.					
Lassen Sie den Hund den Maulkorb nun auch in Situationen tragen, in denen ein gewisses Maß an Ablenkung herrscht. Ein guter Start ist, ihn auf einer „Pinkelrunde" im Quartier einzusetzen.					
Führen Sie Ihren Hund mit Maulkorb im Stadtbereich, wo ein höheres Maß an Trubel herrscht.					

Übung: allein warten (BLEIB)

Übungsort: zu Hause und draußen

Hinweis: Koppeln Sie diese Übung jeweils an einen Positionsbefehl (SITZ oder PLATZ). Wenn Sie mit Ihrem Hund ein hohes Maß an Gehorsam anstreben, empfiehlt es sich, die Übung mit beiden Positionen zu trainieren.

Woche 2–5:					
Führen Sie die Trainingsaufbau-Übungen durch (auf der Stelle marschieren und die Drehung um die eigene Achse), wie sie auf Seite 78 beschrieben sind.					
1) Beginnen Sie die Übung mit einer der beiden Ablenkungen, die Ihr Hund schon in der Trainingsaufbau-Übung kennengelernt hat, und entfernen Sie sich bei der Ausführung der Bewegungen etwa einen halben Meter von Ihrem Hund. Belohnen Sie ihn, sobald Sie wieder nah bei ihm sind, wenn er die angewiesene Position beibehält. Vereinfachen Sie anderenfalls das Maß der Ablenkung bzw. trainieren Sie weiterhin die Trainingsaufbau-Übung.					

2) Steigern Sie den Anspruch der Übung, indem Sie sich etwa einen Meter von Ihrem Hund entfernen. Kehren Sie umgehend zu ihm zurück und belohnen Sie ihn, während er noch in der Position ist, die Sie ihm angesagt hatten.					
3) Steigern Sie den Anspruch der Übung auf zwei Meter Entfernung.					
4) Entfernen Sie sich nur einen Meter, aber warten Sie in der Distanz fünf Sekunden, bevor Sie zu Ihrem Hund zurückkehren. Belohnen Sie ihn und lösen Sie dann die Positionsübung auf (Freizeitsignal).					
5) Entfernen Sie sich zwei Meter, warten Sie in der Distanz fünf Sekunden, bevor Sie zu Ihrem Hund zurückkehren. Belohnen Sie ihn und lösen Sie dann die Positionsübung auf.					
6) Entfernen Sie sich einen Meter, warten Sie in der Distanz fünfzehn Sekunden, bevor Sie zu Ihrem Hund zurückkehren. Belohnen Sie ihn und lösen Sie dann die Positionsübung auf.					
7) Entfernen Sie sich zwei Meter, warten Sie in der Distanz fünfzehn Sekunden, bevor Sie zu Ihrem Hund zurückkehren. Belohnen Sie ihn und lösen Sie dann die Positionsübung auf.					
8) Entfernen Sie sich fünf Meter, drehen Sie sich einmal um die eigene Achse, kehren Sie dann zu Ihrem Hund zurück. Belohnen Sie ihn und lösen Sie dann die Positionsübung auf.					
9) Entfernen Sie sich fünf Meter, warten Sie in der Distanz zehn Sekunden, bevor Sie zu Ihrem Hund zurückkehren. Belohnen Sie ihn und lösen Sie dann die Positionsübung auf.					
10) Entfernen Sie sich fünf Meter, warten Sie in der Distanz 30 Sekunden, bevor Sie zu Ihrem Hund zurückkehren. Belohnen Sie ihn und lösen Sie dann die Positionsübung auf.					
11) Entfernen Sie sich fünf Meter, warten Sie in der Distanz 30 Sekunden, drehen Sie sich dann einmal um die eigene Achse oder führen Sie eine andere Ablenkung z. B. ein Hüpfen auf der Stelle ein, bevor Sie zu Ihrem Hund zurückkehren. Belohnen Sie ihn und lösen Sie dann die Positionsübung auf.					
12) Entfernen Sie sich zehn Meter, kehren Sie umgehend zu Ihrem Hund zurück. Belohnen Sie ihn und lösen Sie dann die Positionsübung auf.					
13) Entfernen Sie sich zehn Meter, warten Sie in der Distanz zwanzig Sekunden, bevor Sie zu Ihrem Hund zurückkehren. Belohnen Sie ihn und lösen Sie dann die Positionsübung auf.					
14) Lassen Sie Ihren Hund in der Entfernung von etwa zwei Metern vor einer Straßenlaterne oder einem dünnen Baum SITZ oder PLATZ machen, umrunden Sie diesen Gegenstand und kehren Sie zu Ihrem Hund zurück. Belohnen Sie ihn und lösen Sie dann die Positionsübung auf.					

15) Lassen Sie Ihren Hund in der Entfernung von etwa acht Metern vor einer Straßenlaterne oder einem Baum SITZ oder PLATZ machen, umrunden Sie diesen Gegenstand und kehren Sie zu Ihrem Hund zurück. Belohnen Sie ihn und lösen Sie dann die Positionsübung auf.					
16) Lassen Sie Ihren Hund in der Entfernung von etwa zehn Metern vor einem dickeren Baum SITZ oder PLATZ machen, umrunden Sie diesen Gegenstand und kehren Sie zu Ihrem Hund zurück. Belohnen Sie ihn und lösen Sie dann die Positionsübung auf.					
17) Lassen Sie Ihren Hund in der Entfernung von etwa zehn Metern vor einem dickeren Baum SITZ oder PLATZ machen, warten Sie hinter dem Baum außer Sichtweite des Hundes etwa fünf Sekunden und kehren Sie dann zu Ihrem Hund zurück. Belohnen Sie ihn und lösen Sie dann die Positionsübung auf.					
18) Lassen Sie Ihren Hund in der Entfernung von etwa zehn Metern vor einem dickeren Baum SITZ oder PLATZ machen, warten Sie hinter dem Baum außer Sichtweite des Hundes etwa fünfzehn Sekunden und kehren Sie dann zu Ihrem Hund zurück. Belohnen Sie ihn und lösen Sie dann die Positionsübung auf.					
19) Lassen Sie Ihren Hund in der Entfernung von etwa zehn Metern vor einem Baum SITZ oder PLATZ machen, warten Sie hinter dem Baum außer Sichtweite des Hundes etwa 30 Sekunden und kehren Sie dann zu Ihrem Hund zurück. Belohnen Sie ihn und lösen Sie dann die Positionsübung auf.					
20) Lassen Sie Ihren Hund SITZ oder PLATZ machen, entfernen Sie sich etwa fünf Meter und lassen Sie eine andere Person leichte Ablenkungen ausführen (sie kann zwischen Ihnen und Ihrem Hund vorbeigehen, klatschen, hüpfen, rennen usw.). Belohnen Sie ihn und lösen Sie dann die Positionsübung auf.					
21) Lassen Sie Ihren Hund SITZ oder PLATZ machen, entfernen Sie sich etwa zehn Meter und lassen Sie eine andere Person leichte Ablenkungen ausführen (sie kann zwischen Ihnen und Ihrem Hund vorbeigehen, klatschen, hüpfen, rennen usw.). Belohnen Sie ihn und lösen Sie dann die Positionsübung auf.					
22) Lassen Sie Ihren Hund SITZ oder PLATZ machen, entfernen Sie sich etwa fünf Meter und lassen Sie eine andere Person mit einem dem Hund gut vertrauten Artgenossen passieren. Belohnen Sie Ihren Hund und lösen Sie dann die Positionsübung auf.					
23) Lassen Sie Ihren Hund SITZ oder PLATZ machen, entfernen Sie sich etwa 30 Meter. Warten Sie dort zehn Sekunden und kehren Sie dann zu Ihrem Hund zurück. Belohnen Sie ihn und lösen Sie dann die Positionsübung auf.					
24) Lassen Sie Ihren Hund SITZ oder PLATZ machen, entfernen Sie sich etwa 30 Meter. Warten Sie dort 30 Sekunden und kehren Sie dann zu Ihrem Hund zurück. Belohnen Sie ihn und lösen Sie dann die Positionsübung auf.					

25) Lassen Sie Ihren Hund SITZ oder PLATZ machen, entfernen Sie sich etwa 30 Meter. Warten Sie dort 30 Sekunden, führen Sie Ablenkungen wie in der Übung 21 ein und kehren Sie dann zu Ihrem Hund zurück. Belohnen Sie ihn und lösen Sie dann die Positionsübung auf.					
26) Lassen Sie Ihren Hund SITZ oder PLATZ machen, entfernen Sie sich etwa 30 Meter und treten Sie in dieser Entfernung außer Sichtweite. Warten Sie dort zehn Sekunden und kehren Sie dann zu Ihrem Hund zurück. Belohnen Sie ihn und lösen Sie dann die Positionsübung auf.					
27) Lassen Sie Ihren Hund SITZ oder PLATZ machen, entfernen Sie sich etwa 30 Meter. Treten Sie dort außer Sichtweite und warten Sie etwa 30 Sekunden. Kehren Sie dann zu Ihrem Hund zurück. Belohnen Sie ihn und lösen Sie dann die Positionsübung auf (Freizeitsignal).					
28) Lassen Sie Ihren Hund SITZ oder PLATZ machen, entfernen Sie sich etwa dreißig Meter. Treten Sie dort außer Sichtweite und warten Sie etwa zehn Sekunden. Führen Sie währenddessen Ablenkungen wie in der Übung 21 ein und kehren Sie dann zu Ihrem Hund zurück. Belohnen Sie ihn und lösen Sie dann die Positionsübung auf.					
Achtung: Als Hundeführer haben Sie die Pflicht, Ihren Hund vorausschauend und kontrolliert zu führen. Verlangen Sie im öffentlichen Bereich daher die BLEIB-Übung nur in Momenten, in denen keinerlei unvorhergesehene Dinge oder gar Gefahren entstehen können und nur, wenn Ihr Hund charakterlich dazu geeignet ist den Ablenkungen standzuhalten ohne ängstlich oder aggressiv zu reagieren! Dies gilt auch für die folgenden Übungen.					
29) Üben Sie die BLEIB-Übung (angebunden) nun auch im städtischen Bereich, etwa vor einem Laden. Entfernen Sie sich etwa zwei Meter von Ihrem Hund, kehren Sie umgehend zu ihm zurück. Belohnen Sie ihn und lösen Sie dann die Positionsübung auf.					
30) Üben Sie die BLEIB-Übung (angebunden) im städtischen Bereich, etwa vor einem Laden. Entfernen Sie sich etwa zehn Meter von Ihrem Hund, kehren Sie umgehend zu ihm zurück. Belohnen Sie ihn und lösen Sie dann die Positionsübung auf.					
Lassen Sie in einem Umfeld, das Sie gut überblicken können (z. B. beim Brötchenholen) den Hund vor dem Laden warten. Passen Sie die Anforderung der Situation in Bezug auf das Maß der Ablenkungen und der zeitlichen Trennung dem Trainingsstand Ihres Hundes an. Belohnen Sie ihn und lösen Sie dann die Positionsübung auf.					
Verfeinern Sie die BLEIB-Übung in kleinen Schritten weiter. Ihr Hund sollte lernen, die Position für etwa zehn Minuten zu halten, auch wenn Sie außer Sichtweite sind. Nehmen Sie diese Trainingsliste als Anhaltspunkt, um daran in kleinen Schritten weiter zu üben, bis dieses Ziel erreicht ist.					
Verfeinern Sie die BLEIB-Übung auch im städtischen Bereich weiter, bis Sie sich auf das Können Ihres Hundes auch unter einem hohen Maß an Ablenkung verlassen können.					

Übung: Abgeben von Gegenständen und Futter (AUS)

Übungsort: zu Hause und draußen

Woche 2–5:					
Führen Sie die Trainingsaufbau-Übung im Rahmen eines Tauschgeschäftes durch, wie sie auf Seite 79 beschrieben ist.					
1) Leinen Sie Ihren Hund an und sichern Sie die Leine so, dass Ihr Hund sich nicht von Ihnen entfernen kann. Überlassen Sie ihm dann einen Gegenstand. Er kann diesen einen Moment halten oder daran knabbern. Bringen Sie dann ein sehr attraktives Tauschobjekt ins Spiel, greifen Sie nach dem Objekt, das Ihr Hund gerade hat, verlangen Sie AUS und halten Sie Ihrem Hund ein Tauschobjekt vor die Nase. Loben Sie ihn, sobald er ablässt, und geben Sie ihm das Tauschobjekt als Belohnung. Wiederholen Sie dies etwa fünf Mal hintereinander.					
2) Wiederholen Sie die Übung wie beim vorangegangenen Mal, sagen Sie nun aber erst das Kommandowort AUS und bringen Sie dann Ihr Tauschobjekt ins Spiel. Belohnen Sie den Hund wie gewohnt hochwertig, wenn alles gut gelingt.					
3) Starten Sie die Übung wie zuvor. Setzen Sie nun aber kein Lockmittel (Tauschobjekt) mehr ein. Achtung: Ihr Hund erhält dennoch für das Ablassen eine attraktive Belohnung, jedoch ohne vorher „bestochen" worden zu sein.					
Geben Sie Ihrem Hund ein Kauobjekt. Lassen Sie ihn sich damit dorthin legen, wo er gerne sein möchte. Folgen Sie ihm und wiederholen Sie die Übung 2.					
Geben Sie Ihrem Hund ein Kauobjekt. Lassen Sie ihn sich damit dorthin legen, wo er gerne sein möchte. Folgen Sie ihm und wiederholen Sie die Übung 3.					
Geben Sie Ihrem Hund ein Spielzeug. Lassen Sie ihn sich damit dorthin zurückziehen, wo er sich gerne aufhalten möchte. Folgen Sie ihm und wiederholen Sie die Übung 2.					
Geben Sie Ihrem Hund ein Spielzeug. Lassen Sie ihn sich damit dorthin zurückziehen, wo er sich gerne aufhalten möchte. Folgen Sie ihm und wiederholen Sie die Übung 3.					
Nähern Sie sich Ihrem Hund, während er mit einem attraktiven Kauobjekt oder Spielzeug beschäftigt ist. Führen Sie ein Tauschgeschäft wie in Übung 3 durch. Belohnen Sie den Hund mit einer attraktiven Belohnung und geben Sie ihm danach das Objekt zurück, das er Ihnen abgeben musste.					
Nähern Sie sich Ihrem Hund, während er mit einem attraktiven Kauobjekt oder Spielzeug beschäftigt ist. Führen Sie die Inhalte der Übung 3 durch. Belohnen Sie den Hund mit einer attraktiven Belohnung und geben Sie ihm danach das Objekt zurück, das er Ihnen abgeben musste.					

Legen Sie draußen ein Verleitungsobjekt aus (z. B. ein großes Rinderohr). Führen Sie Ihren Hund angeleint in die Nähe. Korrigieren Sie ihn nicht, wenn er es aufnimmt, aber lassen Sie es sich umgehend mit dem Kommando AUS abgeben. Belohnen Sie Ihren Hund mit seiner Lieblingsbelohnung! Stecken Sie das Verleitungsobjekt ein und geben Sie es ihm gegebenenfalls zu Hause zur Beschäftigung. Auch hier können Sie die Übung wiederholen.					
Üben Sie die letzte Übung mit unterschiedlichen Objekten.					
Üben Sie die letzte Übung mit dem unangeleinten Hund.					

Übung: Berührungen dulden

Übungsort: zu Hause und draußen

Woche 2–5:					
Führen Sie die Trainingsaufbau-Übung durch, wie sie auf Seite 80 beschrieben ist.					
Lassen Sie diese Übung von allen Personen umsetzen, mit denen der Hund gut vertraut ist und engen Kontakt hat. Die Belohnung kann in diesem Fall wahlweise von Ihnen oder von der anderen Person gegeben werden. Besprechen Sie vorab, wie es sein soll.					
Lassen Sie den Hund in gleicher Art dann von einer fremden Person berühren. Stecken Sie ihm nach der Berührung selbst ein Leckerchen zu.					
Üben Sie nun alltagsübliche, aber „offensivere“ Berührungen jeweils in drei Schritten: erst durch die Bezugsperson, dann durch andere vertraute Personen, dann durch eine fremde Person. Ihr Hund erhält jeweils nach der Berührung ein kleines Leckerchen, denn er soll ja gute Laune lernen. Starten Sie mit einem Streicheln über den Kopf (Bezugsperson).					
Streicheln über den Kopf durch eine vertraute Person.					
Streicheln über den Kopf durch eine fremde Person.					
Anfassen auf dem Widerrist durch die Bezugsperson.					
Anfassen auf dem Widerrist durch eine vertraute Person.					
Anfassen auf dem Widerrist durch eine fremde Person.					
Leichtes Stoßen gegen die Schulter durch die Bezugsperson.					
Leichtes Stoßen gegen die Schulter durch eine vertraute Person.					
Leichtes Stoßen gegen die Schulter durch eine fremde Person.					
Anfassen und festhalten des Halsbandes für fünf Sekunden durch die Bezugsperson.					
Anfassen und festhalten des Halsbandes für fünf Sekunden durch eine vertraute Person.					

Anfassen und festhalten des Halsbandes für fünf Sekunden durch eine fremde Person.					
Anfassen auf dem Kopf (die Hand wird etwa fünf Sekunden auf dem Kopf gehalten) durch die Bezugsperson.					
Anfassen auf dem Kopf (die Hand wird etwa fünf Sekunden auf dem Kopf gehalten) durch eine vertraute Person.					
Anfassen auf dem Kopf (die Hand wird etwa fünf Sekunden auf dem Kopf gehalten) durch eine fremde Person.					
Anfassen auf dem Widerrist/Rücken (die Hand wird etwa fünf bis zehn Sekunden dort gehalten) durch die Bezugsperson.					
Anfassen auf dem Widerrist/Rücken (die Hand wird etwa fünf bis zehn Sekunden dort gehalten) durch eine vertraute Person.					
Anfassen auf dem Widerrist/Rücken (die Hand wird etwa fünf bis zehn Sekunden dort gehalten) durch eine fremde Person.					
Anfassen der Schnauze mit beiden Händen für etwa fünf Sekunden durch die Bezugsperson.					
Anfassen der Schnauze mit beiden Händen für etwa fünf Sekunden durch eine vertraute Person.					
Anfassen der Schnauze mit beiden Händen für etwa fünf Sekunden durch eine fremde Person.					

Die Liste kann und sollte in der Art noch weiter ausgebaut werden, um den Hund geduldig zu machen und ihn auf etwaige unvorhergesehene Handlungen im privaten oder öffentlichen Bereich vorzubereiten.

Weitere Trainingsbeispiele:

- Anfassen der Pfoten
- Anfassen der Rute
- Festhalten des Körpers
- Kontrolle der Zähne
- Kontrolle der Ohren
- fixiertes Halten (z. B. bei manchen tierärztlichen Untersuchungen erforderlich)
- sanftes Ziehen an den Ohren (kann im Kontakt mit Kleinkindern leicht passieren)
- knuffen im Rumpfbereich (kann im Kontakt mit Kleinkindern leicht passieren)
- plötzliches Anfassen des Rumpfes
- plötzliches Anfassen des Rumpfes von hinten

usw.

Service

Adressen

Certodog – Stiftung für das Wohl des Hundes
Geschäftsstelle:
Gugelmattstrasse 36
CH-8967 Widen
Tel.: +41 (0)56 245 53 19
Fax: +41 (0)56 245 53 29
E-Mail: info@certodog.ch
Internet: www.certodog.ch

Schweizerische Kynologische Gesellschaft (SKG)
Brunnmattstrasse 24
CH-3007 Bern
Tel.: +41 (0)31 306 62 62
Fax: +41 (0)31 306 62 60
E-Mail: info@skg.ch
Internet: www.certodog.ch

Bundesamt für Veterinärwesen (BVET)
Schwarzenburgstrasse 155
CH-3003 Bern
Tel.: +41 (0)31 323 30 33
Fax: +41 (0)31 323 85 70
E-Mail: info@bevet.admin.ch
Internet: www.bvet.admin.ch

Buchtipps

del Amo, Celina: Welpenschule. Verlag Eugen Ulmer, 2010
del Amo, Celina: Hundeschule Step by Step. Verlag Eugen Ulmer, 2007
del Amo, Celina: Spaßschule für Hunde. Verlag Eugen Ulmer, 2010
del Amo, Celina: Spielschule für Hunde. Verlag Eugen Ulmer, 2011
del Amo, Celina/Renate Jones-Baade /Karina Mahnke: Der Hundeführerschein. Verlag Eugen Ulmer, 2009
Lehari, Gabriele: 400 Hunderassen von A-Z, Verlag Eugen Ulmer, 2009
Mahnke, Karina: Grundschule für Hunde. Verlag Eugen Ulmer, 2008
Nick, Ophelia: Das 4-Wochen-Erziehungsprogramm für Hunde. Verlag Eugen Ulmer, 2010
Ohl, Frauke: Körpersprache des Hundes. Verlag Eugen Ulmer, 2006
Schmidt-Röger, Heike: Das große Ulmer-Hundebuch. Verlag Eugen Ulmer, 2008

Bildquellen

Titelfoto: Christine Steimer.
animals-digital/Brodmann: S. 64
Babette Bangemann: S. 62, 80, 83
Annette Hempfling/Ulmer: S. 2, 70, 92, 97, 115
Dieter Kothe: S. 26, 46, 64, 73, 79, 84, 87 (3), 105
Heike Schmidt-Röger: S. 1, 7, 12, 13, 15, 19, 21, 24, 26, 33, 34, 40, 43, 49, 50, 51, 54, 57, 58, 71 (2), 75, 91, 101
Christine Steimer: S. 41, 61, 68, 69
Viviane Theby: S. 77
Waldhäusl: S. 29

Die Zeichnungen auf S. 29 stammen von Dr. Anna Laukner, auf S. 45 von Heike Kreye und auf S. 52, 54/55 von Oliver Eger.

Die in diesem Buch enthaltenen Empfehlungen und Angaben sind von der Autorin mit größter Sorgfalt zusammengestellt und geprüft worden. Eie Garantie für die Richtigkeit der Angaben kann aber nicht gegeben werden. Autorin und Verlag übernehmen keinerlei Haftung für Schäden und Unfälle. Der Leser sollte bei der Anwendung der in diesem Buch enthaltenen Empfehlungen sein persönliches Urteilsvermögen einsetzen.

Impressum

Bibliografische Information der Deutschen Nationalbibliothek
Die Deutsche Nationalbibliothek verzeichnet diese Publikation in der Deutschen Nationalbibliografie; detaillierte bibliografische Daten sind im Internet über http://dnb.d-nb.de abrufbar.

Wollgrasweg 41, 70599 Stuttgart (Hohenheim)
E-Mail: info@ulmer.de
Internet: www.ulmer.de
Lektorat: Silke Behling
Herstellung: Ulla Stammel
Umschlagentwurf: red.sign, Anette Vogt. Stuttgart
Satz: r&p digitale medien, Leinfelden-Echterdingen
Druck und Bindung: Firmengruppe APPL, aprinta druck, Wemding
Printed in Germany

ISBN 978-3-8001-7560-4

Hinweis

Der Verlag Eugen Ulmer ist nicht verantwortlich für die Inhalte der im Buch genannten Websites.